太行山区典型流域人类活动与气候变化的水文效应

王金凤 著

气象出版社
China Meteorological Press

内 容 简 介

本书基于野外调查及气象、遥感、水文年鉴等基础数据源,借助统计检验、统计回归、水文模拟、气候模式等方法,揭示气候变化、下垫面条件改变、人类直接取用水影响下太行山区典型流域水文过程的演变规律,并开展不同土地利用情景和未来气候变化情景下流域径流预估研究。

本书可供从事地理学、生态学、环境科学、资源科学等学科的科研工作者及相关高等院校师生参考使用,也可供水文水资源管理、区域发展规划等部门从业人员和决策者参考。

图书在版编目(ＣＩＰ)数据

太行山区典型流域人类活动与气候变化的水文效应 /
王金凤著. -- 北京 : 气象出版社,2023.12
　ISBN 978-7-5029-8027-6

　Ⅰ. ①太… Ⅱ. ①王… Ⅲ. ①太行山－山区－人类活
动－水文效益－研究②太行山－山区－气候变化－水文效
益－研究 Ⅳ. ①P33

中国国家版本馆CIP数据核字(2023)第164656号

太行山区典型流域人类活动与气候变化的水文效应
Taihang Shanqu Dianxing Liuyu Renlei Huodong yu Qihou Bianhua de Shuiwen Xiaoying

出版发行:气象出版社

地　　址:北京市海淀区中关村南大街 46 号　**邮政编码:**100081
电　　话:010-68407112(总编室)　010-68408042(发行部)
网　　址:http://www.qxcbs.com　**E-mail:**qxcbs@cma.gov.cn
责任编辑:王萃萃　郑乐乡　　　　　　**终　　审:**张　斌
责任校对:张硕杰　　　　　　　　　　**责任技编:**赵相宁
封面设计:艺点设计
印　　刷:北京建宏印刷有限公司
开　　本:787 mm×1092 mm　1/16　　**印　　张:**7.5
字　　数:192 千字
版　　次:2023 年 12 月第 1 版　　　　**印　　次:**2023 年 12 月第 1 次印刷
定　　价:40.00 元

本书如存在文字不清、漏印以及缺页、倒页、脱页等,请与本社发行部联系调换。

前　言

　　太行山区属于北方土石山区,是京津冀大中城市及华北平原的水源保障与风沙屏障,该区为华北平原提供 70%的地表水资源,每年为京津地区提供 20 亿 m³ 水资源。在太行山区(海拔 200～300 m 至山脊),由于国家长期实施水土保持和退耕还林(草)等重大生态工程,植被恢复良好,水土流失得到显著改善,但地表径流和产流明显减少;而在海拔 200～300 m 及以下的丘陵区,是农林复合经营活动较为活跃的区域。太行山区地处半湿润半干旱区,降水变率大,而且由于土石山区特殊的岩性特征,导致土壤保水能力差,容易发生水资源短缺。随着退耕还林和丘陵区大力推动经济林发展,生态耗水量大,水土资源矛盾突出。尤其是丘陵区水土资源的匹配失衡,会显著影响山体整体生态功能的发挥。因此,丘陵区农林结构配置与用水调配问题不仅事关太行山区生态系统耗水、水量平衡和社会经济发展问题,而且关系到为京津冀地区提供多少水资源的问题。

　　以太行山区为研究对象,基于流域长期水文气象观测数据、下垫面数据、遥感数据,借助各种统计检验、统计回归、水文模拟、气候模式等手段,总结和预测变化环境下流域河川径流的响应,揭示气候变化和人类活动(下垫面条件改变和人类直接取用水)影响下的流域水文过程的演变规律,并对未来气候变化情景下流域河川径流进行预估。研究团队成员一直坚持收集整理国内水文、气象以及地表要素的相关资料,通过构建适用的 SWAT 模型,定量区分气候变化和人类活动对流域径流变化的贡献程度,初步模拟预估流域径流对未来气候变化和人类活动的响应。本书结合国内外相关研究及团队的研究成果,定名为《太行山区典型流域人类活动与气候变化的水文效应》,可供从事地理学、生态学、环境科学、资源科学等学科的科研工作者及相关高等院校师生参考使用,对于水文水资源管理、区域发展规划等部门从业人员和决策者也具有参考价值。感谢研究团队中王盛老师、李庆老师以及武桃丽、李文静、李玲凤、李亚文、刘小玲、李亚、续美凤、李敏、王建文、李丹等研究生的协助与支持。本书出版主要由科技部国家专项子专题(2019QZKK0201)、山西省基础研究计划(202203021211258、202103021223248)、山西省研究生教育教学改革课题(2022YJJG137、2021YJJG154)和山西省高等学校教学改革创新项目(J2021284、J20220457)资助。书中难免存在不足和不妥之处,恳请读者和各领域专家批评指正。

王金凤

2023 年 5 月 21 日于太原

目　录

第1章 绪论

1.1 研究背景与意义

(1)科学认识以径流为主要表征的水循环过程、径流演变规律和准确预测径流变化是高效利用水资源的前提

水是生命之源,是人类赖以生存和发展不可替代的资源,是经济社会可持续发展的基础(钱正英,2001)。在自然与人类社会的发展过程中,水循环起着重要的调控作用,是联系地球系统的纽带,是全球变化研究三大主题"碳循环、水循环、食物纤维"中的核心问题(刘昌明,2013)。水循环和径流演变规律受自然变化和人类活动双驱动力的作用,形成"二元水循环"(王浩 等,2010),季风气候和复杂的地形使得我国区域降水时、空变异大,区域经济发展水平影响着人类活动强度,最终导致地表水循环和径流演变规律具有显著的时空差异(张建云 等,2007;夏军 等,2010)。径流是水循环的基本环节,又是水量平衡的基本要素。作为表征水资源丰歉程度的主要指标,径流是可长期开发利用的水资源。然而目前,我国面临着水资源供需矛盾突出、水生态系统退化等一系列水资源问题。2013 年,为期 10 年的大型科学计划"未来地球计划(Future Earth)"启动,该计划将水资源问题列为优先需要解决的八大问题之一。因此,科学认识以径流为主要表征的水循环过程,是合理利用水资源的前提。

(2)在全球气候变化背景下,受日益频繁的人类活动影响,径流演变规律与预测研究是当前水文学研究的热点问题

气候条件是影响河川径流的最基本和重要的因素。联合国政府间气候变化专门委员会(Intergovernmental Panel on Climate Change,IPCC)第五次评估报告(Fifth Assessment Report-AR5)明确指出(秦大河 等,2014),全球变暖毋庸置疑,20 世纪中叶以来观测到的许多气候变化都是前所未有的。1880—2012 年全球地表平均温度上升约 0.85℃,1983—2012 年可能是近 1400 年来最暖的 30 a。未来全球将进一步变暖,与 1986—2005 年相比,2081—2100 年全球地表平均气温可能升高 0.3~4.8℃。全球变暖将导致全球降水量重新分配、极端天气事件加剧、冰川和冻土消融、海平面上升等问题(秦大河,2007)。这既危害着自然生态系统的平衡,也威胁着人类的生产、生活。水循环过程对气候变化的响应存在"非线性、区域分异性和不确定性"等多种特征(夏军 等,2010)。目前厘清这些水文情势非稳态性驱动与反馈机制,已成为当前水科学问题的重大挑战(王光谦,2012),同时,开展气候变化对水资源的影响研究已成为我国近 10 年来水科学研究的热点和前沿课题(夏军 等,2012)。而变化环境(包括气候变化和人类活动)下的水文效应研究是一项涉及气候、人与水互相作用的地球科学问题,也是水资源规划设计与评价及有序应对变化环境需求的实际问题(刘春蓁 等,2014;王金凤 等,

2023a,2023b)。近几十年的研究发现,气候变化与人类活动引起流域水循环过程发生显著变化,许多河流的径流量变化剧烈(Vorosmarty et al.,2000;Kezer et al.,2006;Zhang et al.,2012a;Milly et al.,2005;Milliman et al.,2008;易湘生 等,2011)。强烈的人类活动,如城市化、工农业取水、大规模的水土保持措施、水利工程建设等使地表景观格局、土地利用/覆被状况等地表环境发生剧烈变化,引起水循环过程变化(Li et al.,2007;Wei et al.,2010;Milly et al.,2005;Zhao et al.,2014)。可见河川径流量的变化受气候变化和人类活动共同影响,能客观反映流域地表水文过程演变特征。因此,深入理解流域水文过程的这种变化特征是科学评价河川径流对气候变化和人类活动响应的前提。

(3)对太行山区典型流域的径流演变规律及驱动机制开展研究、准确预报径流变化,是流域可持续发展和水资源高效利用的前提

太行山区属于我国北方土石山区,是京津冀大中城市及华北平原的水源保障与风沙屏障,据研究,该区为华北平原提供70%的地表水资源,每年为京津地区提供20亿 m^3 水资源。因此,太行山区的生态服务功能对于维持区域生态安全具有重要意义。水资源短缺及其相关的环境问题已经成为区域社会和经济发展的重要挑战。太行山区的水资源短缺形势越来越严峻;许多流域的径流量呈现显著减少的趋势(Zhang et al.,2008;Cong et al.,2010),例如拒马河、滹沱河、冶河(Fan et al.,2007)、漳河流域(王金凤 等,2019;Wang et al.,2021a,2021b)等;平原区地下水位迅速下降(Liu et al.,2001,2004);湿地面积不断减少(Xia et al.,2007)等。这已对华北平原地区的水安全构成威胁,继而对研究区的社会、经济发展产生影响。引起这些问题的两个主要驱动因子是气候变化(主要是气温和降水的变化)和人类活动(河水的取用、地下水开采、水利工程、土地利用/覆被变化等)(Chen et al.,1999)。当前迫切需要科学认识太行山地区流域径流演变规律,甄别径流变化的驱动因子,分析其驱动机制,科学模拟与预估该区域的径流变化,为太行山地区水资源可持续利用提供科学支持,同时也在应对全球气候变化和区域经济可持续发展方面具有重要意义(Vorosmarty et al.,2000;Bao et al.,2012)。

1.2 国内外研究进展

1.2.1 人类活动对径流的影响

人类活动对河川径流的影响主要表现在:一是人类为了供给生活、工业及农业用水对地表水、地下水资源的直接开采,改变水资源时、空分布的跨流域调水及灌区引水等直接取用水活动,直接造成河川径流量的改变;二是由于工农业生产、基础设施建设和生态环境建设改变了流域的下垫面条件,造成流域产汇流的变化,进而导致河川径流量的改变(夏传清 等,2010;张爱静,2013;杨春霄,2010)。顾西辉等(2015)基于全国370个水文站研究发现,1980年后,我国径流空间分布均匀度在增大,差异性在减小,人类活动对水资源空间分布的强力干预使水资源空间分布趋于均匀。Calder(2000)认为,与灌木、作物、草地等相比,有林地通常会减少流域的径流量;石培礼等(2001)对我国森林植被变化水文效应文献的综合分析表明:不同地区森林植被变化对径流的影响幅度相差较大,但在除长江中上游外的其他地区,森林砍伐或火灾会降低林木的蒸散,增大河川径流。李丽娟(2003)就无定河流域径流演化趋势以及其对土地利用变化的响应开展了研究,认为土地利用变化对径流的影响相当明显。张树磊等(2015)讨论了受人类直接取用水影响较小的松花江、辽河、海河、黄河和汉江等流域的上游山区,并对1960—2010 年各流域径流减小进行了归因分析,结果表明,潜在蒸散的变化对径流减少的影响微弱,降水减少和下垫面变化是径流减少的主导因素,其中人类活动导致的下垫面变化对径流减少的影响尤为明显。与 1951—1969 年相比,1970—2008 年人类活动引起的下垫面变化对长江流域和黄河流域径流量变化的贡献分别达到 71% 和 83%(王雁 等,2013)。随着流域面上植被覆盖度增大,山区水土保持措施的实施等生态条件的改善,与 1956—1979 年相比,1980—2000 年辽河、海河、淮河等流域天然年径流量分别减少 12%、25% 和 26%,流域下垫面条件变化造成流域面上消耗水量的增加,引起进入河川的土壤径流量相应减少,这种对天然水资源的截源结果,给流域可配置的天然水资源量增加新的变数和不利影响(张世法 等,2011)。人类活动在全球水循环过程中影响效应日益明显,因此现代水资源研究问题均已将气候变化、人类活动、水资源循环加以综合考虑。

1.2.2 气候变化对径流的影响

气候变化通过影响大气环流、天气系统等引起降雨、蒸发、地表入渗、土壤湿度、河川径流、地下水流等一系列的变化。国外开展气候变化对径流影响研究较早(Matt et al.,2001;Capon,2005)。世界气象组织(WMO)、联合国教科文组织(UNESCO)、联合国环境规划署(UNEP)、联合国发展署(UNDP)和国际水文科学协会(IAHS)等陆续实施了一系列国际水科学方面的合作项目或研究计划,如政府间气候变化专门委员会(Intergovernmental Panel on Climate Change,IPCC)、世界气候研究计划(World Climate Research Programme,WCRP)、国际地圈生物圈计划(International Geosphere-Biosphere Programme,IGBP)、国际水文计划(International Hydrological Programme,IHP)和全球水系统计划(Global Water System Programme,GWSP)等。2013 年,大型科学计划"未来地球计划(Future Earth)"启动,该计划将水资源问题列为优先需要解决的八大问题之一。在预测方面,国际上先后组织了"观测系统研究与可预报性试验"(THORPEX)和水文集合预报试验(HEPEX),旨在通过国际协作来提高气象和水文预报的能力。这些国际项目和会议的目的是从全球、区域和流域等不同尺度探讨变化环境下的水循环及相关的资源环境问题。

我国也积极开展了一系列的科学研究计划。1985 年以后,开展了一系列气候变化对水资源的影响研究。国家科委、水利部共同组织了国家"八五"科技攻关项目"气候变化对水文水资源的影响及适应对策研究","九五"期间又完成了"气候异常对我国水资源及水分循环评估模型研究","十五"期间开展了科技攻关项目"气候变化对我国淡水资源的阈值影响及综合评价"。之后,科技部启动了多项与水循环相关的 973 项目,如"黄河流域水资源演化规律与可再生性维持机理""全球变暖背景下东亚能量和水分循环变异及其对我国极端气候的影响""气候变化对我国东部季风区陆地水循环与水资源安全的影响及适应对策""气候变化对黄淮海地区水循环的影响机理和水资源安全评估"等(Wang et al.,2022a,2022b)。有力地推动了我国在气候变化对水文和水资源影响相关问题研究的发展。

气候变化对径流的影响主要体现在两个方面:一个是降水变化导致径流变化,另一个是气温升高对径流的影响。对于降水变化对径流变化的影响,大量研究普遍认为,径流变化的趋势与降水变化的趋势一致(徐翔宇,2012;冯亚文 等,2013),但对于不同流域,影响径流变化的主要气候因子由于流域特征差异以及径流的来源不同而不同。例如,对于黄河流域,径流对降水的敏感度要高于对气温的敏感度(胡彩虹 等,2013);在三江源地区,降水对径流起正向的驱动作用,潜在蒸发对径流起负向的驱动作用(张士锋 等,2011);对于海河流域,年降水量越大,径流量对降水量的敏感度越低,而对降水年内分配的敏感度越高(贺瑞敏 等,2015);对于雅鲁藏布江支流年楚河流域,降水量增加对该流域径流的影响更大,气温升高对径流减少影响较小(顿珠加措,2015);北大河流域持续增温造成冰川融水急剧增加成为近期径流增加的主要原因,气候转型引起的降水增加也在一定程度上加剧径流增加(王金凤,2019)。

1.2.3 气候变化和人类活动对径流影响的定量分析方法研究

气候变化和人类活动对流域河川径流的影响在不同流域有着不同的表现,不同领域的学者越来越重视水量平衡要素(尤其是径流及其成分)观测到的变化中有多少是由于气候变化引起的这一科学问题(徐翔宇,2012;Shi et al.,2013)。因为这个问题的答案对于将来水资源的规划和管理决策、确保水资源可持续利用非常重要。如果人类活动是主要的驱动因子,那么当前的水文气候数据仍然可以用于水资源利用规划,因此,决策者可以把精力放在水资源管理和规划方面。然而,如果气候变化的贡献率更大,那么对于规划者和管理者来说,研究气候变化对将来不同气候变化情景下的水资源的影响就非常必要。因此,定量分析河川径流受气候因子与人类活动影响的贡献不仅是目前水文科学研究的热点问题,也是流域水循环研究的难点。

要认清和识别二者对河川径流的影响程度和贡献大小需要一套系统的研究方法。一些水文学者试着通过对历史数据的趋势分析来研究这个问题。这类方法主要基于历史时期的气温、降水与径流等观测数据,建立统计方程,研究径流变化趋势,从而评估各气象因子变化对径流的影响。这个方法主要建立在序列长期变化稳定和气候稳态的假定下,即水文现象是稳定的随机变量、长序列水文均值为不变常数,由过去观测得到的统计规律可以外延用于对未来的预估(夏军 等,2012)。较为常用的方法包括降水径流双累积曲线模型、气候弹性模型等(徐翔宇,2012;杨默远 等,2014;张晓晓 等,2014;Wang et al.,2023)。

双累积曲线模型要求比较分析的要素具有高度的相关以及正比关系,按时间对降水、径流等随机变化数据进行累加处理,将径流序列划分为基准期和变化期,从而定量识别与评估气候变化和人类活动对径流序列的影响(刘柏君 等,2015)。根据长期的观测数据,Ren 等(2002)分析了中国北方地区直接人类活动对径流的影响,并指出除了气候变化外,河道取水量的增加是造成观测径流减少的直接原因。Yang 等(2009)得出海河流域高比例的农业土地利用及其相应的水资源利用量是径流减少的最可能的驱动因子。然而,通过趋势分析定量估算气候变化和人类活动对径流变化的贡献率是比较困难的。

气候弹性的概念由 Schaake 于 1990 年提出,用于评价气候变化对径流的影响。径流的气候弹性系数定义为径流相对多年平均径流变化的百分数与气候要素(如降水)相对多年平均值变化百分数的比值(Dooge et al.,1999)。基于气候弹性模型的方法简单,方便使用。对给定时段,在计算出径流的气候弹性系数的基础上,若已知气候变化,就能求出气候变化条件下径流的变化量。该方法不仅能用于评估气候变化对水量平衡要素的影响,还能用于评估气候变化对植被覆盖度的影响评估。Zhang 等(2008)用径流对降水和潜在蒸散的敏感性研究了中国黄土高原径流对气候变化和 LUCC(土地利用与土地覆盖变化)的响应,并指出 11 个流域中有8 个流域的 LUCC 对平均年径流量减少的贡献率超过 50%。Liu 等(2004)得出了一种半定量的分析方法,并总结了海河流域径流减少的贡献率问题。通过基于实际蒸散的水量平衡方程,Li 等(2007)指出黄河流域的子流域——无定河流域土壤保持政策对于径流减少的贡献率达87%。Ma 等(2008)指出中国西北干旱区的石羊河流域气候变化对平均年径流量的减少贡献率超过 64%。尽管该方法被很多学者采用,但该方法不能用于识别人类活动对径流的影响,同时,该模型也没有考虑土壤水分年际变化对径流的影响(徐翔宇,2012)。也有学者认为,由于实测水文系列包含了气候和下垫面变化两方面的影响,因此,基于观测数据的统计回归分析方法不足以区分气候变化和人类活动对流域径流的影响,气候变化的影响可以直接通过水文模拟技术定量研究(Furey et al. ,2012)。

基于以上方法存在的不足,一些水文学者尝试构建水文模型来避免这些缺点。水文模型的核心是采用概念性水文模型、半分布式水文模型或机理性比较强的分布式水文模型从观测的水文气象系列数据中分离出人类活动较强时期的天然径流(刘春蓁 等,2014)。即首先通过统计分析,找到径流序列的突变点,以突变点为界对研究时段进行划分,一般认为突变点前时段的水量平衡受人类活动影响比较小或可以忽略。然后通过改变水文模型的气象输入同时保持模型中下垫面条件不变,以及保持气象条件一致的情况下采用不同时期的下垫面数据,来分析和估算气候变化以及下垫面变化对径流的影响。这种方法不仅能模拟气候变化引起的水量平衡变化,也能模拟人类活动引起的水量平衡变化。

流域水文模型已成为国内外学者定量评价下垫面环境变化的水文响应的重要工具(Bekele et al. ,2010;Breuer et al. ,2009;Ficklin et al. ,2009)。分布式水文模型不仅能够考虑不同下垫面条件对水文过程的影响,同时也能充分应用 GIS(地理信息系统)和 RS(遥感影像)技术实现空间信息的异质性表达。近年来用此方法取得了很多流域尺度上气候变化与人类活动对径流变化贡献的成果(Viney et al. ,2009;Wu et al. ,2007;Zhang et al. ,2012a,2012b;Legesse et al. ,2003;Li et al. ,2009,2012;Lee et al. ,2007;王国庆 等,2008)。Jones 等(2006)利用了 SIMHYD 模型、AWBM 模型和一个经验水文模型估计了澳大利亚 22 个流域的降水和潜在蒸散变化对年径流量的影响,结果表明降水变化 1% 会导致径流变化 2.1%~2.5%,而潜在蒸散变化 1% 会引起径流变化 0.5%~1%。White 等(2006)分析了美国南加州的一个小流域的径流变化,发现城市用地从 9% 增加至 37%,由此导致的旱季径流、洪峰流量、低流量均显著增加。

我国的水文学家针对气候变化与人类活动对流域水文过程的影响也开展了大量的研究。通过使用 SIMHYD 模型,Wang 等(2006)研究了黄河中部汾河流域气候变化和人类活动对径流的影响。Wang 等(2010)运用 VIC 模型定量分析了黄河一个子流域气候变化和人类活动的水文响应。通过分布式时变增益模型,Wang 等(2009)得出潮(白)河流域两个时段(1980 年前、后)径流减少的 35%(31%)归因于气候变化,68%(70%)归因于人类活动。因此,相比气候变化,人类活动对潮(白)河流域的径流减少具有主导性影响。也是在潮(白)河流域,Ma 等(2010)基于地形学水文模型和气候弹性模型研究了气候变化和人类活动对径流的贡献率,但是他们得出了不同的结论:对于密云水库入水量的减少,气候变化的贡献率为 55%~51%,间接的人类活动(主要是人为的土地利用和植被变化)的贡献率为 18%。Guo 等(2008)采用SWAT 模型分析气候变化与土地利用/覆被变化对鄱阳湖径流的影响,表明气候变化是影响年径流的主要因素,土地利用变化则驱动径流的季节变化;Wang 等(2009)采用分布式月水量平衡模型分析气候变化与人类活动对潮(白)河流域径流量的影响,发现人类活动是潮(白)河径流减少的主要原因;谢平等(2010)采用分布式水文模型分析了气候变化和土地利用对无定河流域水文水资源的影响,发现土地利用变化是无定河流域径流减少的主要原因;王浩等(2005)采用分布式流域水文模型分析了人类活动影响下的黄河水资源演化规律,发现黄河流域在强烈的人类活动影响下,水资源量及其构成发生显著变化,地表水资源减少,不可重复利用地下水资源增加。Guo等(2008)采用SWAT模型检验了过去气候变化和土地覆盖变化对年径流和季节径流的影响,结果发现,年径流的变化主要源于气候变化,而土地覆盖的变化影响了季节径流,并改变了流域的年水文过程。林凯荣等(2012)运用改进的SCS月模型研究表明,土地利用及气候变化对东江流域不同子流域的径流影响各不相同,但对径流影响的分量基本相当。邓晓宇等(2014)使用HSPF水文模型研究表明,流域降水量的增加是引起20世纪90年代信江流域径流显著增大的主要原因,其次是蒸发量的下降,人类活动包括植树造林、城市化以及水利工程修建是影响流域径流变化的次要原因。

基于水文模拟的分析方法,一方面,假定气候变化与人类活动为两个互不相干的独立因素,既不考虑气候变化对人类活动的影响,也不考虑人类活动对气候或环境的反馈与后果;另一方面,人类活动的水文效应没有显式地反映在水文模型中,而是以隐式笼统地用观测的径流与模拟的天然径流差值表示(刘春蓁 等,2014)。而实际上,气候变化与人类活动对河川径流的影响并不是孤立的,气候变化是导致人类活动加剧的原因之一,例如持续干旱的气候条件,加剧了人类兴建水利工程的活动;人类活动又是影响气候变化的原因之一,例如植被覆盖度变化、城市化的温室效应等。然而,在当前研究阶段,无论从研究方法或是从技术手段都很难将其严格地划分清楚。

1.2.4　未来径流预估研究

预测变化环境下河川径流的发展趋势,分析区域水资源的可能变化规律,对水资源的优化利用、调度和管理以及适应气候变化的对策研究具有重要意义。国内外对这一科学问题的研究,主要集中在未来气候变化条件下流域河川径流的响应方面。主要的研究思路是假定未来气候变化情景,建立并验证陆地水文模型,利用流域水文模型的模拟结果评价气候变化对流域水资源的影响并进行相关对策研究(Jiang et al.,2012)。

未来气候变化情景可以通过假定气象要素增量得到,也可以通过IPCC提供的各种气候模式和排放情景得到,如果采用的是全球气候模式下的气候情景,由于其输出信息空间分辨率较低,不能较好地反映流域或区域尺度的气候变化特征,因此,往往需要对其输出结果进行统计或动力降尺度处理。杨霞(2015)应用SWAT模型模拟乌伦古河流域未来气候变化(气温在现状基础上±1℃、±2℃,降水在现状基础上±10%、±20%)情景下流域径流量等的变化情况。曾思栋等(2013)基于SWAT模型,根据IPCC第四次评估报告多模式结果,分析了IPCC SRES-A2、A1B、B1情景下永定河流域2050年以前径流的响应过程。郭生练等(2015)基于Budyko水热耦合平衡假设,选用BCC-CSM1.1全球气候模式和RCP4.5排放情景,把未来气候要素预估值与LS-SVM统计降尺度方法相耦合,预测长江流域未来径流变化情况。康丽莉等(2015)利用区域气候模式RegCM4.0单向嵌套全球气候模式BCC-CSM1.1,动力降尺度到黄河上中游流域,驱动VIC模型开展未来气候和水文变化的模拟。郑艳妮等(2015)利用CMIP5大气环流模式输出驱动水文模型,分析了新安江流域在RCP2.6、RCP4.5和RCP8.5情景下2006—2099年的逐月径流过程。利用流域水文模型与气候模式的耦合,研究未来气候变化情景下流域水文水资源的响应有以下几个明显的发展趋势:从假定气候变化情景或直接利用 GCM(大气环流模式)输出向基于 GCM 并利用不同方法获取更高分辨率的区域气候变化情景转变;从统计模型或概念性水量平衡模型向基于物理过程的分布式流域水文模型转变;在模型的计算时段上,由较大的时间尺度向小的时间尺度转变(张建云 等,2007)。这就要求进行多学科联合研究,跟踪国际前沿,深入开展气候模式与水文模型的双向耦合试验,从根本上提高大气和水文模型的模拟和预报能力。

1.3　SWAT 分布式水文模型简介

SWAT(Soil and Water Assessment Tool)模型是在 20 世纪 90 年代后期至今发展迅速、影响比较大的水文模型。它是在 CREAMS、GLEAMS、EPIC、SWRRB 模型(Arnold et al.,1995,1998a,1998b;Neitsch et al.,2002)基础上发展起来的一个长时段的流域分布式水文模型。SWAT 模型可模拟流域的水文过程、水土流失、化学过程、农业管理措施和生物量变化,并能预测在不同土壤条件、土地利用类型和管理措施下人类活动对上述过程的影响(Arnold et al.,1995;Neitsch et al.,2002)。SWAT 模型以其强大的功能、先进的模型结构及高效的计算在世界各国得到了广泛应用。其中,径流模拟是 SWAT 模型最基本、最重要的功能,基于 SWAT 模型的径流模拟是 SWAT 研究的焦点。SWAT 模型自开发以来,不断发布新的版本,使得模型的适应性不断提高,目前,SWAT 模型可集成于 ArcGIS、ArcView、GRASS、BASINS 等多种系统中。其特点为:

(1)属于物理与概念相结合的模型,具有很强的物理基础,能够考虑天气、土壤性质、地形、植被、人类活动的综合作用,同时能够灵活处理各种复杂条件;

(2)适合长时间尺度的水文循环和物质循环研究,而非短时期水文预报;

(3)适合宏观尺度的模拟;

(4)不仅能模拟水循环过程,而且还能以水循环为载体,研究水土流失、营养物质输移、农药、病原菌等物质循环过程;

(5)能够灵活处理资料缺失问题。具有强大的模型数据库,除地形和土地利用等少量基本数据资料外,很多参数,如作物相关参数、土壤参数、河道参数等可直接选用备用数据;

(6)分布式计算,先将流域分成水文响应单元(HUF),单独研究每个水文响应单元的内部循环,再通过子流域和河网将各个响应单元进行有机连接,计算效率很高。

1.3.1　模型的发展

SWAT 吸收了几个 ARS 模型的特点,从 SWRRB 模型(Simulator for Water Resources in Rural Basins)(Williams et al.,1985;Arnold et al.,1990)直接演化而来。对 SWAT 的发展产生直接贡献的模型包括 CREAMS(Chemicals,Runoff,and Erosion from Agricultural Management Systems)(Knisel,1980)、GLEAMS(Groundwater Loading Effects on Agricultural Management Systems)(Leonard et al.,1987)和 EPIC(Erosion-Productivity Impact Calculator)(Williams et al.,1984)。SWRRB 的发展是从修改 CREAMS 模型的日降雨径流模型开始的。对 CREAMS 水文模型的主要改变包括:a)扩展模型,同时在几个子流域计算,并预测流域产水量;b)添加了地下水和回归流模;c)添加了水库存储模块,以计算农田池塘和水库对流域水和泥沙产量的影响;d)添加了考虑降雨、太阳辐射和气温的天气模拟模块,以帮助长期

模拟并提供时间和空间上典型的天气;e)改进了预测峰值径流的方法;f)添加了 EPIC 模型的植物生长模型,以考虑植物生长的年变化;g)添加了简单的洪水演算模型;h)添加了泥沙输移模块,以模拟泥沙在池塘、水库、河道和峡谷中的运移;i)添加了传播损失计算。

在 20 世纪 80 年代末,模型应用的主要焦点在于水质评价,SWRRB 的开发反映的就是这一点。在这一时期 SWRRB 的主要修改包括:a)添加了 GLEAMS 模型的杀虫剂迁移转化模块;b)可选择 SCS 技术估算峰值径流;c)新开发的泥沙产量模型。这些修改扩展了模型的能力,可以处理不同的流域管理问题。在 20 世纪 80 年代末,印度人事事务局(Bureau of Indian Affairs)需要一个模型估算在亚利桑那州和新墨西哥印第安保留地地区水管理对下游的影响。虽然 SWRRB 可以容易地应用在几百平方千米的流域,但是印度人事事务局想模拟几千平方千米的流域。对于这一尺度的流域,需要将其分为几百个子流域。但是 SWRRB 模型只允许划分 10 个子流域,并且模型直接将子流域的产水和沙演算到流域出口。这些限制导致 ROTO(Routing Outputs to Outlet)(Arnold et al.,1995)模型的开发,其可以接收多个 SWRRB 模型的输出,并演算水流在河道和水库中的运动。ROTO 模型提供了河道演算方法和克服了 SWRBB 模型的子流域限制。虽然这一方法是有效的,但是多个 SWRRB 文件的输入输出是笨拙的,而且需要大量的计算机存储。此外,所有的 SWRRB 只能独立运行,然后输入到 ROTO 中进行河道和水库演算。为了克服这些不便,SWRRB 和 ROTO 被结合在一起,称为 SWAT。SWAT 在允许模拟大尺度流域的同时保留了 SWRRB 的所有优点。

自 SWAT 在 20 世纪 90 年代初开发以来,已经经历了多次不断发展。模型主要的改进版本为:

SWAT94.2:添加了多水文响应单元(HRUs)。

SWAT96.2:添加了自动施肥和自动灌溉;添加了冠层存储;添加了 CO_2 模块以模拟气候变化对作物生长的影响;Penman-Monteith 潜在蒸散方程;基于动力存储模型的层间流;河道内营养物水质方程;河道内杀虫剂演算。

SWAT98.1:改进融雪演算;河道水质模型改进;营养物循环演算扩展。

SWAT99.2:改进营养物循环,稻田/湿地演算改建,水库/池塘/湿地营养物沉淀去除;河岸存储;河道重金属演算;将年的参量从 2 位变为 4 位;SWMM 模型的城市累积/冲刷和 USGS 回归方程。

SWAT2000:细菌输移演算;Green & Ampt 下渗;改进天气生成器;允许太阳辐射、相对湿度和风速的读入或生成;允许潜在 ET(蒸散)值的读取或计算;所有潜在 ET 方法的回顾;高层带过程改进;允许模拟无数个水库;Muskingum 演算;修正的休眠计算以适用于热带地区。

SWAT2005:气象情景预测、日降雨细化分布。

1.3.2　SWAT 基本原理

流域的水文模拟,可以分为两个主要部分。第一个部分为水循环的陆面部分(即产流和坡面汇流部分),该阶段控制进入河道的水、泥沙和营养物、杀虫剂的量。第二个部分为水循环的水面部分(即河道汇流部分),可以定义为水、泥沙等在河道中移动至出口的过程。

1.3.2.1　水文循环的陆面部分

(1)气候

流域气候提供了湿度和能量输入,这些因素控制着水量平衡,决定了水文循环不同过程的相对重要性。SWAT 需要的气候变量有：日降水、最高/最低气温、太阳辐射、风速和相对湿度。模型可以读入实测日降水量、最高/最低气温、太阳辐射、风速和相对湿度值，也可以在模拟过程中生成。

（2）水文

在降水过程中，可能被截留在植被冠层或者直接降落到土壤表面。土壤表面的水分将下渗到土壤内部或者产生坡面径流。坡面流的运动相对较快，很快进入河道，产生短期河流响应。下渗的水分可以滞留在土壤中，然后被蒸散或者通过地下径流缓慢地运动到地表水系统。

（3）冠层存储

冠层存储指水分被植被冠层截留，并可以供蒸散使用。当采用曲线系数法计算地表径流时，冠层截留考虑在内。如果采用 Green&Ampt 法计算下渗和径流，冠层存储需分别模拟。

（4）下渗

下渗指水分从土壤表面进入土壤内部。随着下渗继续，土壤湿度上升，使得下渗速率降低，直到达到一定稳态值。初始下渗速率依赖土壤表层含水量。最终下渗速率为土壤饱和传导率。因为曲线系数法以日为时间步长计算径流，不能直接模拟下渗。进入土壤内部的水量为地面降雨量和地表径流之差。Green&Ampt 下渗方法可以直接模拟下渗，但是需要短时间步长的降水数据。

（5）再分配

再分配指水分进入土壤内部（降水或灌溉）后的持续运动。SWAT 的再分配模块采用存储演算来预测根系区土壤层的水流。

（6）蒸散

蒸散为所有地表或近地表的液相或固相水分变为大气水分的过程的总称。模型分别计算土壤和植被的蒸发。潜在土壤水蒸发的估算为潜在蒸散和叶面积指数（叶片面积和 HRU 面积比值）的函数。实际土壤水蒸发估算采用土壤深度和含水量的指数函数计算。植物蒸散采用潜在蒸散和叶面积指数的线性函数计算。模型提供了 3 种选择计算潜在蒸散：Hargreaves（Hargreaves et al.，1985）、Priestley-Taylor（Priestley et al.，1972）和 Penman-Monteith（Monteith，1965）。

（7）侧向地下径流

侧向地下径流或层间流，为土壤表层以下至饱和带之间区域的河道径流水分供给。动力存储模型用来预测每一个土壤层中的层间流。模型考虑了传导率、坡度和土壤含水量的变化。

（8）地表径流

采用日或次日步长的降水输入，SWAT 模拟对每一个 HRU 模拟地表径流和峰值径流。地表径流量采用修正的 SCS 曲线数法或 Green&Ampt 下渗法计算。峰值径流预测采用修正的合理性方程。在修正的合理性方程中，峰值径流为子流域汇流时间内的降水量、日地表径流量和子流域汇流时间的函数。

（9）支流河道

支流河道内的所有水流演算进入子流域主河道。SWAT 采用支流河道性质来决定子流域汇流时间。

（10）回归流

回归流或基流，为地下水供给的河道径流。SWAT 将地下水分为两个含水层系统：浅层非承压含水层(供给回归流)和深层承压含水层(向流域外河流供给水源)(Arnold et al.,1993)。

(11)植被覆盖和生长

SWAT采用单一植物生长模型来模拟所有植被覆盖类型。这一模型可以区分一年生和多年生植物。植物生长模型用来评价根系区去除水分和营养物、蒸散和生物量/产量。

(12)侵蚀

侵蚀和泥沙产量采用修正通用土壤流失方程(MUSLE)。在每一个HRU,USLE采用降雨作用侵蚀能量因子,MUSLE采用径流来模拟侵蚀和泥沙产量。

(13)营养物

SWAT模拟流域中几种形式的氮和磷的运动和转化。营养物可以通过地表径流和层间流进入河道,并在河道中向下游输移。

(14)杀虫剂

SWAT模拟地表径流携带杀虫剂进入河道(以溶液或吸附在泥沙上的形式),通过渗漏进入土壤内部和含水层(在溶液中)。水循环陆地阶段的杀虫剂运动模型改进自GLEAMS(Leonard et al.,1980)。杀虫剂的移动由其可溶性、降解半衰期和土壤有机氮碳吸附系数决定。杀虫剂通过水和泥沙的输移,针对每一次暴雨事件计算,当渗漏发生时会计算每一土层的渗滤。

(15)管理

SWAT允许用户定义每一个HRU的管理措施。用户可以定义生长季的开始和结束,指定施肥、杀虫剂的用量和时间及灌溉和耕地操作。最新的管理措施改进,增加了城市地区的泥沙和营养物负荷计算。

1.3.2.2 水文循环的河道演算阶段

一旦SWAT确定了进入主河道的水、泥沙、营养物和杀虫剂的负荷后,这些负荷将在河网中采用与HYMO相似的命令结构来演算(Williams et al.,1972)。除了模拟河道中的质量平衡外,SWAT也模拟化学物质在河道和河床的转化。

1.4 研究方案

1.4.1 研究内容

本研究以太行山区为研究对象,基于流域长期水文气象观测数据、下垫面数据、遥感数据,借助各种统计检验方法、统计回归方法、水文模拟方法、大气环流模型等手段,总结和预测变化环境下流域河川径流的响应,揭示气候变化和人类活动(下垫面条件改变和人类直接取用水)影响下的流域水文过程的演变规律,并对未来气候变化环境下流域河川径流进行预估。

(1)对流域水文气象历史观测资料的分析:分析流域内1955年以来各主要水文气象要素(径流、降水、气温)序列长期演变规律(变化趋势、突变、周期等特征);探讨近些年来影响太行山区径流的气候背景,分析不同时期主要气象要素对径流的影响,识别影响河川径流过程变化的主导因素。

(2)变化环境对流域径流影响及其定量研究:受人类活动或气候变化的显著影响,水文序列的天然平稳性会遭到干扰或破坏,在某种意义上呈现出阶段性或趋势性的变化,根据这一规律,应用基于历史观测数据的 M-K 突变分析方法估算人类活动影响下水文序列的显著转折点(水文变异点),并综合考虑流域内相关政策的调整、土地利用方式的改变、水利工程建设等信息,将研究时段划分为天然阶段和干扰阶段;应用水文模拟方法(SWAT)和弹性系数法对天然阶段和干扰阶段的水文过程进行模拟,定量估算降水、气温等气象因子变化和流域下垫面条件(土地利用类型、地表覆盖情况等)改变对流域径流贡献率。

(3)未来气候变化环境下太行山区流域径流预估:选取 CMIP5(全球耦合模式比较计划第 5 阶段)中的 15 个气候模式,通过气候模式对研究区气温和降水预估的模拟数据,获取未来不同气候情景下流域尺度的气候变化信息,以此来驱动率定后的水文模型,模拟流域径流过程,分析未来流域径流的演变。

具体的章节安排如下:第 1 章是绪论;第 2 章是研究区和数据库;第 3 章阐明了太行山区水文气象要素的趋势;第 4 章分析太行山区径流的变化趋势;第 5 章基于 SWAT 模型对 3 个流域的径流进行模拟分析;第 6 章基于模型和弹性系数法评估气候变化和人类活动对径流减少的贡献率,并分析了各驱动因子与径流变化的关系;第 7 章分析太行山区未来气候变化趋势及其对径流的影响;第 8 章是结论和展望。

1.4.2　研究方法

1.4.2.1　气象要素统计方法

(1)Mann-Kendall 趋势检验

由 Mann 和 Kendall 提出的 M-K 检验法被广泛用于水文气象变量的趋势检验,包括气温、降水、径流等要素(Xu et al.,2003,2004),该方法不要求样本遵从一定的分布特征,可以直接检验变量的变化趋势(Mann,1945;Kendall,1975;Burn et al.,2002;魏凤英,2007)。其检验统计量 Z:

$$Z=\begin{cases}\dfrac{S+1}{\sqrt{VAR(S)}} & S>0\\ 0 & S=0\\ \dfrac{S-1}{\sqrt{VAR(S)}} & S<0\end{cases} \tag{1-1}$$

$$VAR(S)=\frac{n(n-1)(2n+5)}{18} \tag{1-2}$$

$$S=\sum_{k=1}^{n-1}\sum_{j=k+1}^{n}sgn(x_j-x_k) \tag{1-3}$$

$$sgn(x_j-x_k)=\begin{cases}1 & x_j-x_k>0\\ 0 & x_j-x_k=0\\ -1 & x_j-x_k<0\end{cases} \tag{1-4}$$

式中,n 为样本量,x_j 和 x_k 为样本量的时间序列。

统计量 Z 为正值时说明变量呈上升趋势,反之,变量呈下降趋势,当 $|Z|>Z_{1-\alpha/2}$ 时表明变量在显著性水平 α 上有明显的上升或下降的趋势,其中检验临界值 $\pm Z_{1-\alpha/2}$ 可以通过查表获取。

当样本趋势显著时，通常采用倾斜度（β）表示系列的长期单调变化趋势（刘茂峰 等，2011；周玮 等，2011），计算公式为：

$$\beta = \text{Median} \left[\frac{x_i - x_j}{i - j} \right] \quad \forall j < j \tag{1-5}$$

（2）M-K 突变检验（魏凤英，2007；陈亚宁 等，2009）

对于具有 n 个样本的时间序列 x，构造一秩序列：

$$S_k = \sum_{i=1}^{k} r_i \quad k = 2, 3, \cdots, n \tag{1-6}$$

式中，

$$r_i = \begin{cases} +1 & x_i > x_j \\ 0 & x_i \leqslant x_j \end{cases} \quad j = 1, 2, \cdots, i \tag{1-7}$$

秩序列 S_k 是第 i 时刻数值大于 j 时刻数值个数的累计数。

在时间序列随机独立的假定下，定义统计量：

$$\text{UF}_k = \frac{[s_k - E(s_k)]}{\sqrt{\text{VAR}(s_k)}} \quad k = 1, 2, \cdots, n \tag{1-8}$$

式中，$\text{UF}_1 = 0$，$E(s_k)$ 和 $\text{VAR}(s_k)$ 是累计数（s_k）的均值和方差：

$$E(s_k) = \frac{n(n-1)}{4} \tag{1-9}$$

$$\text{VAR}(s_k) = \frac{n(n-1)(2n+5)}{72} \tag{1-10}$$

按时间序列 x 的逆序再重复上述过程，同时使 $\text{UF}_k = -\text{UB}_k (k = n, n-1, \cdots, 1)$，$\text{UB}_1 = 0$。

对统计序列 UF_k 和 UB_k 进行分析，若 $\text{UF}_k > 0$ 则表明序列呈现上升趋势；若 $\text{UF}_k = 0$，则表明序列无明显变化趋势；若 $\text{UF}_k < 0$，则表明序列呈现下降趋势。当 UF_k 曲线越过显著性临界值时，则表明趋势明显。

基于两个序列和值数据，在坐标系中绘制折线图。如果两条曲线在显著性临界值之间出现交叉点，则交叉点所对应的时间点即为突变点。

（3）累积距平法

累积距平（魏凤英，1999）是一种常用的、由曲线直观判断变化趋势的方法。对于序列 x，其某一时刻 t 的累积距平为：

$$\hat{x}_t = \sum_{i=1}^{t} (x_i - \overline{x}) \quad t = 1, 2, \cdots, n \tag{1-11}$$

式中，

$$\overline{x} = \frac{1}{n} \sum_{i=1}^{n} x_i \tag{1-12}$$

将 n 个时刻的累积距平全部算出，即可绘制累积距平曲线进行趋势分析。

（4）小波分析

小波分析法是在傅里叶分析法基础上发展而来，不仅可以给出气候序列变化的尺度，还可以显示变化的时间位置，目前已经广泛应用于水文气象要素的变化特征分析中（王文圣 等，2005；王蕊 等，2015；刘兆飞 等，2011）。小波变换的离散形式为：

$$\omega_f(a,b) = |\alpha|^{-\frac{1}{2}} \Delta t \sum_{i=1}^{n} f(i\Delta t) \psi\left(\frac{i\Delta t - b}{a}\right) \tag{1-13}$$

式中，$\omega_f(a,b)$ 为小波系数，ψ 为母小波，它是双窗函数，一个是频谱窗，一个时间窗，a 是频谱参数，b 是时间参数，Δt 为取样间隔，n 为样本量。

利用小波方差可以更准确地诊断出多长周期的振荡最强，小波方差为：

$$\text{var}(a) = \sum \left[\omega_f(a,b)\right]^2 \tag{1-14}$$

离散化小波变换将一个一维信号在时间和频率两个方向展开，并以此绘制横坐标为时间、纵坐标为频率的二维图像，分析不同长度的周期随时间的演变特征，并判断序列存在的显著周期。

1.4.2.2 SWAT 分布式水文模型

SWAT 模型用于模拟和分析气候变化和人类活动对水文过程的影响，能够考虑降水、蒸散、植被覆盖度等因素的空间分布对流域产汇流的影响。由于流域下垫面和气候因素具有时空变异性，为了提高模拟的精度，SWAT 模型将流域划分成若干个自然子流域，再将每个子流域划分为若干个水文响应单元（HRU），水文响应单元是模型最基本的计算单元。先单独研究每个水文响应单元的内部循环，再通过子流域和河网将各个水文响应单元进行有机连接，详细的输入输出模块见第 5 章。

1.4.2.3 气候弹性系数法

气候弹性系数法采用水量平衡方程及径流对降水和蒸散的敏感性来定量区分气候变化与人类活动对径流的影响。气候变化对径流的影响主要表现为降水及蒸散变化对径流的影响。通过分析径流对降水及蒸散的敏感度，可定量计算出气候变化对径流的影响。水量平衡的概念为研究流域的水文行为提供了一个框架。水量平衡方程为：

$$P = E + Q + \Delta S \tag{1-15}$$

式中，P 是降水量，E 是实际蒸散量，Q 是径流量，ΔS 是流域储水量的变化（多年平均尺度上 ΔS 可以被视为 0）。

流域实际蒸散难以获得，根据假设，流域多年平均蒸散量由降水和潜在蒸散能力的平衡关系决定。很多学者对这个平衡关系进行了研究，提出了多种此类形式的计算公式（表 1-1）。

表 1-1 基于 Budyko 假设的流域实际蒸散计算式

	表达式	参数
Schreiber	$f(x) = 1 - \exp(-x)$	无
Ol'dekop	$f(x) = x\tanh(1/x)$	无
Budyko	$f(x) = [x\tanh(1/x)(1 - \exp(-x))]^{0.5}$	无
Ture—Pike	$f(x) = (1 + x^{-2})^{-0.5}$	无
Fu	$f(x) = 1 + x - (1 + x^m)^{1/m}$	1 个
Zhang	$f(x) = (1 + wx)/(1 + wx + 1/x)$	1 个

注：$x = E_0/P$，为流域的干旱指数。

本书中，长期的平均蒸散可以按下面的公式计算（Zhang et al., 2001）：

$$\frac{E}{P} = \frac{1 + \omega \dfrac{E_0}{P}}{1 + \omega \dfrac{E_0}{P} + \left(\dfrac{E_0}{P}\right)^{-1}} \tag{1-16}$$

ω 为植被可利用水系数（plant-available water coefficient），它是与植被、土壤等下垫面性质有关的一个综合参数，反映了不同植被类型对土壤水的可利用程度。Zhang 等（2001）提出了 ω 的建议值，即林地为 2.0，草地与耕地为 0.5。

降水和潜在蒸散是控制年水量平衡的主要气象因子（Budyko，1974；Zhang et al.，2001；Dooge et al.，1999），这些因子的变化会直接引起年径流量的变化。三者的关系可以通过以下公式表示（Koster et al.，1999；Milly et al.，2002）：

$$\Delta Q_{climate} = \beta \Delta P + \gamma \Delta E_0 \tag{1-17}$$

式中，ΔP 和 ΔE_0 分别是降水量和潜在蒸散量的变化量。β 是径流对降水的敏感系数，γ 是径流对潜在蒸散的敏感系数。水文敏感性可以被定义为年径流变化对年降水量变化和潜在蒸散变化的百分比。

敏感系数可以按以下公式计算（Li et al.，2007）：

$$\beta = \frac{1 + 2E_0/P + 3\omega E_0/P}{1 + E_0/P + \omega(E_0/P)^2} \tag{1-18}$$

$$\gamma = -\frac{1 + 2\omega E_0/P}{1 + E_0/P + \omega(E_0/P)^2} \tag{1-19}$$

根据上述公式，可以计算出人类活动和气候变化对流域径流的影响。

1.4.3　技术路线

图 1-1 为技术路线图。

（1）收集研究区基础数据信息，分析流域水文气象历史观测资料的时、空演变规律。通过研究区实地野外调研、查阅各类水文气象年鉴资料以及国家地球系统科学数据共享平台、中国气象科学数据共享服务网，收集太行山地区典型流域的概况、水资源概况、自然地理信息、数字高程图、水文气象资料、遥感信息、水库等研究区基础数据信息，进行数据质量检查及预处理；分析流域内近几十年主要水文气象要素序列时、空变化规律，探讨近些年来影响太行山典型流域河川径流的气候背景，识别影响河川径流过程变化趋势的主导因素。

（2）采用非参数统计检验、流量历时曲线等方法探讨不同时期流域径流量的年内分配和年际变化特征；将影响流域径流变化的因素归因为气候变化和人类活动两个方面，气候变化主要包括降水、气温、潜在蒸散等气象因子的变化，人类活动包括直接的取用水和间接的下垫面变化。结合流域内气候变化（降水、蒸散）、人类活动（水土措施、土地利用方式的改变、取用水）等资料，揭示气候变化和人为影响下径流的变化特征，剖析影响流域径流变化的驱动因素；通过敏感分析和相关分析，探讨径流对气象因子的响应。

（3）定量评价气候变化、人类活动对流域径流变化的影响

根据流域径流的实测资料，采用 M-K 突变点检验方法并综合考虑流域内土地利用方式的改变、人类取用水活动等信息，对研究时段进行划分，以突变点为界分为前、后两个阶段（天然时段和干扰时段）。天然时段为实测流域径流的基准值阶段，干扰时段为气候变化和人类活动共同影响下的阶段，分析干扰时段相比天然时段流量变化的原因。气候变化和人类活动对径流量的影响分别通过水文模拟技术和气候弹性系数法来评估。结合对流域产汇流机理的深入分析，基于遥感数据、数字高程数据以及流域地形图等，选取和构建适合太行山区典型流域产汇流特点的 SWAT 模型，并对模型进行参数率定和验证；用天然时段的气象数据率定模型参

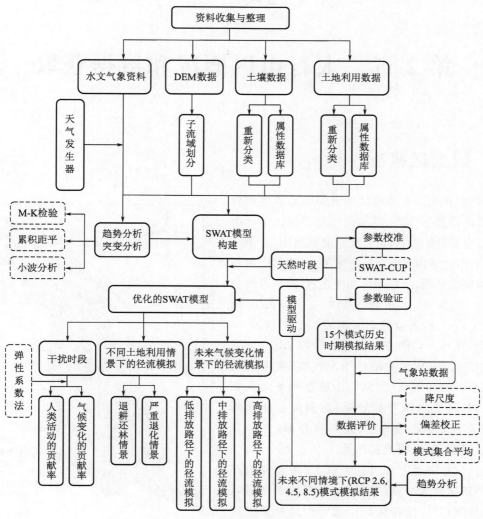

图 1-1　技术路线图

数,保持模型参数不变,模拟干扰时段的径流,两时段模拟径流量的差值即为气候变化对径流变化的贡献。通过对比降水、气温等气象因素及流域下垫面条件的变化,分析流域径流的变化特征。气候弹性系数法主要基于水量平衡来计算。

（4）未来变化环境下流域径流情势预估

　　基于全球耦合模式比较计划第 5 阶段（CMIP5）的 15 个全球气候模式（BCC-CSM1.1、BNU-ESM、CanESM2、CCSM4、CSIRO-MK3.6.0、FGOALS-g2、GFDL-CM3、GISS-E2-H、GISS-E2-R、HadGEM2-ES、IPSL-CM5A-LR、MIROC-ESM-CHEM、MPI-ESM-LR、MRI-CGCM3、NorESM1-M）模拟数据以及合适的降尺度技术,构建流域未来气候变化情景;将构建的研究区未来气候变化情景输入到确定的水文模型,进行径流过程的模拟,评估未来气候变化对流域水文系统各要素的影响。基于未来气候变化条件下流域水文系统的响应,评估未来气候变化对流域水资源总量以及可利用水资源量等方面的影响,提出流域水资源应对变化环境的适应性对策。

第2章 太行山区概况和数据获取

2.1 研究区概况

太行山是中国东部地区的重要山脉和地理分界线，以西是黄土高原，以东是华北平原。太行山纵贯京、津、冀、豫四省(市)，北起北京西山(北拒马河谷地)，南达河南濒临黄河的王屋山，西接山西高原，东邻华北平原，呈东北—西南走向，地理范围为35°15′—40°46′N，110°14′—116°33′E，面积约13.49万km²，约占全国总面积的1.1%，涉及76个县(市、区)，人口约占全国总人口的2.87%(图2-1)。太行山表现为大陆性季风气候，河南境内属暖温带半湿润气候区，太行山脉东侧华北平原温暖湿润，属夏绿阔叶林景观；西侧黄土高原属半湿润至半干旱过渡地区，是森林草原、干旱草原景观，温度、湿度都较东部低。

从区位重要性上来看，太行山属于北方土石山区，是京津冀大中城市及华北平原的水源保障与风沙屏障，对于维持区域生态安全具有重要意义。区内土地类型多，土地组合条件复杂，资源丰富，但水资源紧缺，降水较少且季节分布不均，旱涝等自然灾害严重，其生态系统脆弱性和敏感

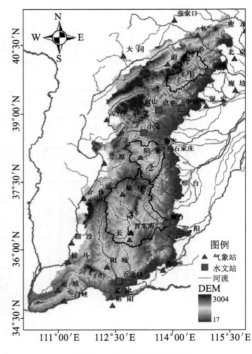

图 2-1 研究区概况图

性显著。太行山区是华北平原60%以上河流的发源地，为京津地区每年提供20亿 m³ 水资源，太行山区每年侧向补给华北平原3.6亿 m³ 水资源。因此，太行山区以垂直、水平和时间为尺度的水土资源耦合形成的生态系统服务功能变化直接关系到自身与周边区域的生态安全。

太行山地处东部湿润区半湿润区与西部半干旱区干旱区的分界，年降水量季节分布极为不均，土壤贫瘠，砾石含量高，水分短缺胁迫严重影响农林系统功能，其存在的主要环境问题包括：(1)区域气候趋于暖干化，水资源短缺；(2)由于山地水土资源的不匹配(有土的地方没水，有水的地方土不好用)等因素，导致了一系列水资源和生态环境问题；(3)山地地形陡峭、土层浅薄，持水能力差，造成人地矛盾突出，山地的生态服务功能降低，危及区域生态安全和农林业可持续发展。

在太行山低山区或中山区(海拔 200～300 m 至山脊)，由于国家长期实施水土保持和退

耕还林(草)等重大生态工程,植被恢复良好,水土流失得到显著改善,但流域地表径流和产流明显减少;而在海拔 200～300 m 以下的丘陵区,是农林复合经营活动较为活跃的区域。太行山区地处半湿润半干旱区,降水变率大,而且由于土石山区特殊的岩性特征,导致土壤保水能力差,容易发生水资源短缺。随着退耕还林和丘陵区大力推动经济林发展,生态耗水量大,水土资源矛盾突出。尤其是丘陵区水土资源的匹配失衡,会显著影响山体整体生态功能的发挥。

2.2　自然地理条件

2.2.1　地形、地貌

太行山和大兴安岭—巫山—雪峰山一起构成我国地形第二、三阶级分界线。太行山脉的地质基底是复式单斜褶皱。山势东陡西缓,西翼连接山西高原,东翼由中山、低山、丘陵过渡到平原。东侧为断层结构,相对高差 1500～2000 m,山前是发育典型的洪积扇以及冲洪积平原。地势北高南低,西高东低,以低山、丘陵为地貌主体,从北向南有小五台山(海拔 2882 m)、太白山、白石山、狼牙山、南坨山、阳曲山、王屋山等山峰。北端最高峰为位于河北境内的小五台山,高 2882 m;最高峰为山西境内五台山,高 3058 m,号称华北屋脊;南端高峰为陵川的佛子山、板山,海拔分别为 1745 m、1791 m。山中多雄关,著名的有位于河北的紫荆关,山西的娘子关、虹梯关、壶关、天井关等。山地受拒马河、滹沱河、漳河、沁河等切割,多横谷,当地称为"陉",古有"太行八陉"之称,为东西交通重要孔道。

2.2.2　太行山河流水系

太行山地区有众多河流发源或流经,使连绵的山脉中断形成"水口"。山西高原的河流经太行山流入华北平原,汇入海河水系,流曲深澈,峡谷毗连,多瀑布湍流。河谷及山前地带多泉水,以娘子关泉为最大。河谷两崖有多层溶洞,著名的有陵川的黄围洞、晋城的黄龙油、黎城的黄崖洞和北京房山的云水洞等。在太行山深山区河北赞皇县,有世界最大的天然回音壁。

太行山区有大清河、子牙河、南运河和沁河 4 个水系,河流众多。大清河流域包括大清河北支流域及大清河南支流域,流域面积为 43065 km^2。北支主要支流拒马河在张坊附近分为南、北两河,并在新盖房枢纽分为 3 支,一支经白沟引河入白洋淀;一支经灌溉闸入大清河;一支经分洪闸入东淀。大清河南支支流直接汇入白洋淀,主要包括瀑河、漕河、府河、唐河、沙河、潴龙河等。流域内建有横山岭、口头、王快、西大洋、龙门、安各庄等 6 座大型水库以调节上游洪水。子牙河流域包括滹沱河和滏阳河两大支流,流域面积 46328 km^2。滹沱河发源于山西省五台山北麓,经忻定盆地,穿行于太行山峡谷之中,沿途纳云中河、牧马河、清水河等,经岗南水库附近出峡,纳冶河经黄壁庄水库入平原。滏阳河发源于太行山南段东麓邯郸市峰峰矿区西北河村,主要有洺河、沙河、槐河等 10 余条支流,至艾辛庄与滏阳河汇合,为扇形水系。流域内建有临城、东武仕、朱庄 3 座大型水库。漳卫南运河包括漳河、卫河两大支流,流域面积 37700 km^2。漳河上游由清漳河和浊漳河组成,均发源于太行山的背风山区,两河于合漳村汇合后称漳河,经岳城水库出太行山。流域内建有关河、后湾、章泽、岳城 4 座大型水库。卫河源于太行山南麓,较大的支流有淇河、汤河、安阳河等,主要集中在左岸,为梳状河流。西南部的沁河水系向南汇入黄河,流域面积为 9169 km^2。

2.2.3 气候

太行山区属温带大陆性季风气候,河南境内属暖温带半湿润气候区,四季分明,春季干旱少雨,夏季高温多雨,秋季天高气爽,冬季寒冷干燥,年平均气温在 7.3～12.7℃。空间上,由于东面海风吹来,被太行山阻隔,使得夏季迎风坡多降雨并形成暴雨区,山区背风坡和平原区降水量较少。时间上,多年平均降水量 564 mm,年内降水量分配极不均匀,70％～80％集中在 6—8 月,多以暴雨形式出现。

2.2.4 植被和土壤

太行山脉东侧华北平原温暖湿润,属夏绿阔叶林景观;西侧黄土高原属半湿润至半干旱过渡地区,属森林草原、干旱草原景观,温度、湿度都较东部低。太行山自然植物因垂直差和温差而异,如小五台山一带南坡,1000 m 以下为灌丛,有榭树群落分布,1000 m 以上偶有云杉或落叶松。北坡 1600 m 以下是夏绿林,1600～2500 m 是针叶林,2500 m 以上是亚高山草原。研究区内植被:乔木有落叶松、桦木、山柏、油松、栎、杨树等;灌木有醋柳、胡枝子、荆条、酸枣等;草类有扁草、铁杆蒿等。主要农作物有小麦、玉米、谷子、棉花、大豆等。

太行山区的土壤类型从北向南有明显的分界:北部主要的土壤类型为棕壤和褐土,其面积分别占总面积的 12.12％和 26.62％;中部主要是黄绵土、红黏土和新积土,分别占总面积的8.09％、3.35％和 2.85％;南部主要是石质土、粗骨土、草甸土和潮土,分别约占总面积的9.24％、17.55％、1.30％和 15.10％。

2.3 数据来源

从多种途径收集建模所需的大量数据,包括数字高程模型(DEM)、遥感信息、水文气象信息、土地利用和土壤分布信息等数据,将不同来源和不同格式的数据资料进行统一处理,形成一整套构建流域 SWAT 模型所需的模型参数和输入数据。

2.3.1 DEM 数据

DEM 数据由中国科学院资源环境科学数据中心提供,空间分辨率为 100 m,格式为栅格数据,用于表达地面高程的空间分布,是确定流域边界、提取流域地形信息、划分子流域和生成数字河网的基础数据。在进行绝大多数模拟试验之前,需要原始 DEM 数据通过 ArcGIS 软件的水文分析模型进行洼地填充,最终得到满足研究需要的无洼地 DEM 数据。

2.3.2 气象数据

本书选择太行山区内部及其周围 20 个气象站 1955—2013 年的观测资料(表 2-1),包括逐日的最高气温、最低气温、降水量、平均风速、相对湿度、日照时数等资料。一方面,用于基于水文模型(SWAT)的太行山区典型流域径流的模拟研究;另一方面,将气象站逐月平均气温和降水观测资料用于评价 CMIP5(the Fifth Phase of the Coupled Model Intercomparison Project)中各气候模式对太行山区气候变化的模拟能力。气象站观测资料均通过中国气象科学数据共享服务网(http://cdc.cma.gov.cn/home.do)下载获得。

表 2-1 太行山区及其周边国家气象站信息

台站名	省份	观测起始时间
洛阳	河南	1951 年
三门峡	河南	1957 年
孟津	河南	1961 年
运城	山西	1956 年
新乡	河南	1951 年
阳城	山西	1957 年
侯马	山西	1991 年
长治	山西	1986 年
安阳	河南	1951 年
临汾	山西	1954 年
晋东南	山西	1953 年
介休	山西	1954 年
榆社	山西	1957 年
邢台	河北	1954 年
太原	山西	1951 年
阳泉	山西	1954 年
石家庄	河北	1955 年
原平	山西	1954 年
保定	河北	1955 年
五台山	山西	1956 年
廊坊	河北	1957 年
北京	北京	1951 年
蔚县	河北	1954 年
大同	山西	1955 年
密云	北京	1989 年
怀来	河北	1954 年
张家口	河北	1956 年

2.3.3　水文资料

水文数据包括水文站数据和雨量站数据。水文站数据为流域出口张坊、中唐梅、阜平、小觉、微水、观台和五龙口七个水文站 1957—2012 年的逐月和逐年径流资料（表 2-2），雨量站数据包括 51 个站点 1960—1991 年和 2006—2012 年的逐日降水量资料。数据主要来自《中华人民共和国水文年鉴》中的海河流域水文资料和沁河流域水文资料。

表 2-2　太行山区水文站点信息

站名	水系	集水面积/km²
张坊	拒马河水系	4840.58
中唐梅	漕河水系	3626.54
阜平	大沙河水系	2214.56

站名	水系	集水面积/km²
小觉	滹沱河水系	14618.47
微水	冶河水系	5913.08
观台	漳河水系	17599.58
五龙口	沁河水系	9169.00

2.3.4　土地利用数据

土地利用数据包括 1990 年、1995 年、2000 年、2005 年和 2010 年五期 100 m×100 m 分辨率的土地利用类型栅格图,由中国科学院资源环境科学数据中心提供。根据土地利用分类系统中的一级分类,流域土地类型包括耕地、林地、草地、水域、建设用地和未利用地。本书采用 1990 年的土地利用数据作为 SWAT 模型输入数据,并将该土地利用数据在模型里分别进行重新分类,将原代码转换为模型需要的代码。

2.3.5　土壤资料

土壤资料包括土壤类型图和土壤属性数据,主要用于 SWAT 模型中子流域与水文响应单元的划分。土壤类型数据为中国科学院资源环境科学数据中心提供的由中国科学院南京土壤研究所完成的中国 1:100 万土壤数据库,采用了传统的"土壤发生分类"系统,基本制图单元为亚类,共分出 12 土纲 61 个土类 227 个亚类。本书将该土壤数据在模型里分别进行重新分类,将原代码转换为模型需要的代码。

土壤属性数据包括土壤质地、有机质含量、土壤层的厚度、孔隙度、容重等物理属性(表 2-3),主要用于 SWAT 模型土壤属性数据库(usesoil. dbf)中相关参数的估算,各个属性都有相应的测算方法。

表 2-3　模型土壤物理属性输入文件

变量名称	模型定义
TITLE/TEXT	位于 . sol 文件的第一行,用于说明文件
SNAM	土壤名称(在 HRU 总表中打印)
HYDGRP	土壤水文学分组(A、B、C 或 D)
SOL_ZMX	土壤剖面最大根系深度/mm
ANION_EXCL	阴离子交换孔隙度,模型默认值为 0.5
SOL_CRK	土壤最大可压缩量。以所占总土壤体积的分数表示。可选
TEXTURE	土壤层的结构
SOL_Z(layer#)	土壤表层到土壤底层的深度/mm
SOL_BD(layer#)	土壤湿密度/(Mg/m³)或(g/cm³)
SOL_AWC(layer#)	土层可利用的有效水/(mm/mm)
SOL_K(layer#)	饱和水力传导系数/(mm/h)
SOL_CBN(layer#)	有机碳含量

续表

变量名称	模型定义
CLAY(layer#)	黏土(%)，直径＜0.002 mm 的土壤颗粒组成
SILT(layer#)	壤土(%)，直径在 0.002 mm 和 0.05 mm 之间的土壤颗粒组成
SAND(layer#)	沙土(%)，直径在 0.05 mm 和 2.0 mm 之间的土壤颗粒组成
ROCK(layer#)	砾石(%)，直径＞2 mm 的土壤颗粒组成
SOL_ALB(layer#)	地表反射率
USLE_K(layer#)	USLE 方程中土壤侵蚀力因子
SOL_EC(layer#)	电导率/(dS/m)

※土壤粒径数据

土壤粒径数据是 SWAT 模型中重要的输入参数，对模拟结果的精度有重要的影响作用。SWAT 模型中采用的土壤粒径标准为美国制标准，而中国的土壤质地采用的是卡钦斯基制和国际制标准，因此，国内数据无法在 SWAT 模型中直接使用，使用时需要将其转化为美国制标准。粒径转换的方法主要包括：一次样条插值，二次样条插值，三次样条插值，线性插值、spline 内插方法等。国际制、卡钦斯基制和美国制标准的区别如表 2-4 所示。

表 2-4　土壤颗粒标准

国际制/mm		卡钦斯基制/mm		美国制/mm	
＞2	砾石	＞1	砾石	＞2	砾石
0.2～2	粗沙土	0.05～1	沙	0.05～2	沙土
0.02～0.2	细沙土	0.01～0.05	粗粉沙	0.002～0.05	粉土
0.002～0.02	粉土	0.005～0.01	中粉沙	＜0.002	黏土
＜0.002	黏土	0.001～0.005	细粉沙		
		＜0.001	黏粒		

※SPAW 软件计算部分参数

通过美国华盛顿州立大学开发的土壤水特性软件(SPAW)中的 Soil-Water-Characteristics(SWCT)模块，并根据黏土(Clay)、砂(Sand)、有机物(Organic Matter)、盐度(Salinity)、砂砾(Gravel)等参数计算出：(1)凋萎系数；(2)田间持水量；(3)饱和度；(4)土壤容重；(5)饱和导水率等 5 个变量。由变量(1)和(2)可以计算逐层的有效田间持水量(SOL_AWC)，其计算公式为：SOL_AWC=FC-WP，其中 FC 为田间持水量，WP 为凋萎系数。

※土壤有机碳参数

将土壤有机质的含量乘以 0.58 可以求得土壤中有机碳的含量。

※土壤水文组

在 SWAT 模型中采用 SCS 径流曲线系数模型对径流进行模拟研究，而土壤水文组则是这个模型的重要参数之一。美国自然环保署(Natural Resource Conservation Service)根据土壤入渗率特征，将具有相似径流能力的土壤分成 4 个土壤水文组(A、B、C 和 D)，该组具有相同的降水和地表特征。土壤的水文分组定义如表 2-5 所示。

表 2-5   土壤水文组分类定义

类型	最小下渗率/(mm/h)	渗透率	土壤质地
A	＞7.26	较高	沙土、粗质沙壤土
B	3.81～7.26	中等	壤土、粉沙壤土
C	1.27～3.81	较低	沙质粘壤土
D	0.00～1.27	很低	黏土、盐渍土

※土壤可蚀性 K 值

土壤可蚀性 K 值是土壤抵抗水蚀能力大小的一个相对综合指标，K 值越大，抗水蚀能力越小；反之，K 值越小，抗水蚀能力越强。Williams 等在 EPIC 模型中发展了土壤可蚀性因子 K 值的估算方法，只需要土壤的有机碳和颗粒组成资料即可计算。

※SWAT 土壤数据库其余参数确定

对于田间土壤反照率，可以根据土壤颜色、湿度以及土壤反照率的参考值，取为 0.16～0.22 不等。对于土壤的电导率，与土壤中的盐分、水分、有机质含量、土壤质地结构和孔隙率都有不同程度的关系，可以采用电流-电压 4 端法进行测定，也可以采用一些经验值。

2.3.6   气候模式数据

本书共选取了 15 个气候模式的模拟结果，其基本信息见表 2-6。选取的数据主要包括历史时期(1950—2005 年)和未来(2016—2100 年)3 种排放路径(RCP 2.6、RCP 4.5 和 RCP 8.5)下对应的逐月和逐日的气温和降水数据。气候模式数据通过 IPCC 数据中心（http://www.ipcc-data.org/index.html)下载获得。

表 2-6   15 个 CMIP5 全球气候模式基本信息

模式名称	国家	单位	分辨率
BCC-CSM1.1	中国	BCC	128×64
BNU-ESM	中国	GCESS	128×64
CanESM2	加拿大	CCCMA	128×64
CCSM4	美国	NCAR	288×192
CSIRO-Mk3.6.0	澳大利亚	CSIRO-QCCCE	192×96
FGOALS-g2	中国	LASG-CESS	128×60
GFDL-CM3	美国	NOAA GFDL	144×90
GISS-E2-H	美国	NASA GISS	144×90
GISS-E2-R	美国	NASA GISS	144×90
HadGEM2-ES	英国	MOHC	192×145
IPSL-CM5A-LR	法国	IPSL	96×96
MIROC-ESM-CHEM	日本	MIROC	128×64
MPI-ESM-LR	德国	MPI-M	192×96
MRI-CGCM3	日本	MRI	320×160
NorESM1-M	挪威	NCC	144×96

第3章 太行山区气象因素变化趋势分析

基于太行山区 20 个气象站的气温、降水数据,采用小波分析、M-K 趋势检验及突变检验法、累积距平等方法对流域内气温和降水的趋势变化、突变以及周期变化进行综合分析,以期为流域的生态环境保护和水资源合理利用提供基础依据。

3.1 太行山区气温变化分析

3.1.1 气温的年际变化

(1)趋势与突变分析

太行山区 1955—2013 年的平均气温见图 3-1。结果显示,在过去的 59 a,太行山区多年平均气温整体呈上升趋势。年均气温在 1987 年以前有一个振荡。1956 年是过去 59 a 最冷的一年。但 1987 年以后,年平均气温一直高于长期的平均气温。

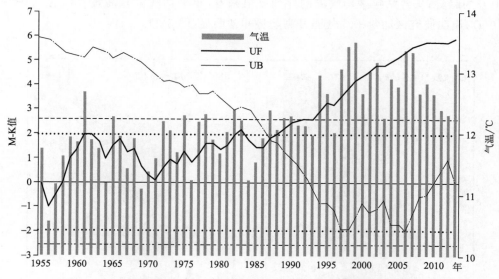

图 3-1 太行山区 1955—2013 年年平均气温长期变化趋势及突变点分析
(图中短虚线表示信度 0.05 的显著性水平,长虚线表示信度 0.01 的显著性水平)

M-K 检验结果也表明,太行山区 1955—2013 年年平均气温呈明显升高的趋势(图 3-1)。1988 年后有一个显著升高的趋势($\alpha = 0.05$);1994 年后 M-K 值开始大于 2.56($\alpha = 0.01$)。整个时期的 M-K 值平均为 2.46,这表明有一个高的升高趋势。M-K 突变检验结果表明,年平均气温的突变发生在 1987 年。年平均气温的累积距平值(图 3-2)为负值,并呈先下降后上升的趋势,转折年份也发生在1987年,说明年平均气温在1987年发生了由降低向升高的突变,且气温在1987年之后迅速上升。

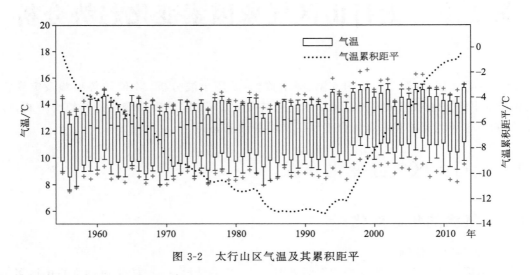

图 3-2　太行山区气温及其累积距平

（2）趋势显著性分析

空间上,运用 M-K 趋势检验得出 20 个气象站的年平均气温的统计量均大于 0,并满足 $\alpha=0.001$ 的显著水平要求(榆社站的显著水平没有达到 0.05),说明各站的年平均气温都呈现显著上升的趋势;从各站年平均气温的序列 β 值来看,年平均气温升高量 β 值为 0.03～0.96 ℃/(10 a),说明研究区的年平均气温升高趋势非常明显(图 3-3)。

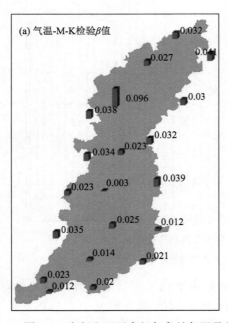
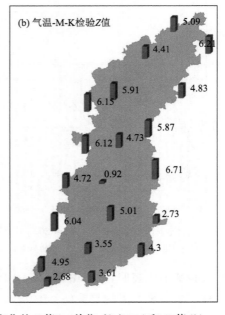

图 3-3　太行山区国家级气象站气温及其变化的 β 值(a,单位:℃/10 a)和 Z 值(b)

3.1.2　气温的年内变化

（1）趋势分析

太行山区月均气温年内最高值出现在 7 月，最低值出现在 1 月（图 3-4）。从月均气温年代际变化来看，1955—2013 年研究区月均气温整体均呈上升趋势（图 3-5）。增温幅度在 20 世纪 90 年代后明显增大，这与气温年际变化和检验出的突变年份 1987 年基本一致（图 3-5）。

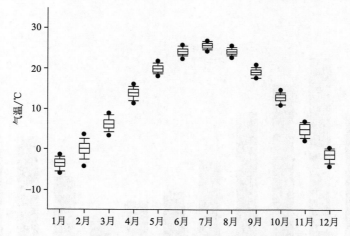

图 3-4　1957—2012 年太行山区月平均气温年内变化

（图中方框下边和上边分别表示一组数据 25 和 75 百分位，方框外的横线分别为 10 和 90 百分位，
方框外的黑点分别为 5 和 95 百分位）

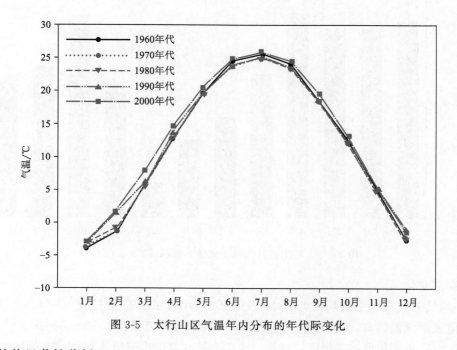

图 3-5　太行山区气温年内分布的年代际变化

（2）趋势显著性分析

从各月气温变化情况来看，12 个月的 Z 值均大于 0，并通过了 95％ 的置信度检验，说明

12个月的月平均气温都呈现上升的趋势,除6月、7月和8月外,其他9个月显著水平在0.05,其中有8个月显著水平为0.01(图3-6)。增长趋势最低的是8月,最高的是冬、春季各月份,说明冬、春季各月份比夏季各月份通常具有较大的上升趋势。从四季平均气温的序列β值来说,也显示出明显的升温趋势,5—9月气温升温率相对较低,气温变化率为0.045~0.22 ℃/(10 a);而10月—次年4月气温上升率较大,气温变化率达0.28~0.51 ℃/(10 a)(图3-6)。

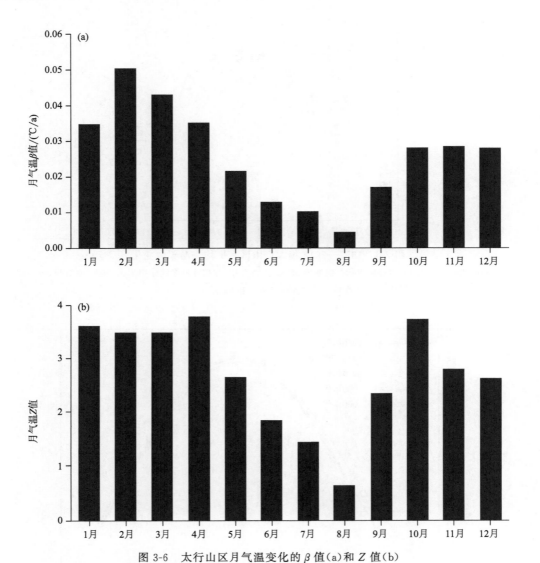

图3-6　太行山区月气温变化的β值(a)和Z值(b)

(3)周期变化

年平均气温的小波变换系数实部时频变化图中,小波系数等值线在[−0.5,0.5]之间交替变化,正值表示气温偏高,负值表示气温偏低。小波系数等值线在4~5 a、8~10 a和14~15 a时间尺度上正、负相位值的变化比较密集。这在小波方差中也有所体现,小波方差在4.5 a、8 a和14 a存在极值,其中14 a为第一主周期,4.5 a和8 a为主周期(图3-7)。

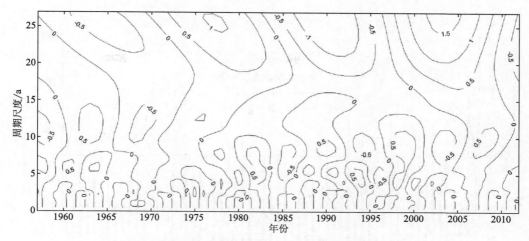

图 3-7　太行山区气温的小波变换系数实部等值线图

3.2　太行山区降水变化分析

3.2.1　降水的年际变化

（1）趋势与突变分析

1955—2013 年太行山区的降水量年际变化见图 3-8。可以发现,整个太行山区降水量在过去的 59 a 呈减少的趋势。年降水量在 1964 年达到 773.50 mm,是 59 a 中最多的一年。但在接下来的 1965 年的降水量仅为 329.73 mm,接近整个时段最少的年降水量(1997 年 322.21 mm)。降水的十年变化显示:1956—1964 年是一个丰水时段,1965—1975 年波动在长期的平均值附近,1976—1979 年是另一个丰水时段,但比 1955—1964 年的降水量小。太行山区在 1980—1989 年经历了较长的干旱时段。1990—1996 年变化较小,然后,1997—2007 年是另一个干旱时段,其中 1997 是过去 57 a 最干旱的年份,这与 Hao 等(2010)的结论存在较小的差别,基于47 个气象站,他得出最大降水量和最小降水量分别是 1964 年的 799 mm 和 1965 年的360 mm。Gong 等(2004)、Chu 等(2010)和 Cong 等(2010)也检测到了减少的趋势,并指出过去 50 a 中国北方地区降水量的减少趋势主要是由弱化的季风引起的。

M-K 突变检验的年降水量的突变点发生在 1978 年。从年降水量的累积距平也可以看出,降水序列的累积距平基本为正,在 1978 年以前呈波浪式上升的趋势,之后则呈波浪下降趋势,1996 年后转为迅速下降至今(图 3-9)。

（2）趋势显著性分析

M-K 检验表明,太行山区年降水量在 1955—2013 年呈减少的趋势(图 3-8),由于存在波动,故年降水量的减少趋势并不明显;同时,M-K 检验得出的 $Z = -1.41$,不满足 $\alpha = 0.05$ 的显著性检验要求。直到 1999 年才具有显著减少的趋势,显著水平为 0.05。

年降水量变化趋势的空间分布见图 3-10。20 个站中有 19 个站的降水量呈减少的趋势,其中有 3 个站显著水平为 0.05。然而,只有太行山区中部的石家庄站呈现增多的趋势,但增多趋势并不显著。

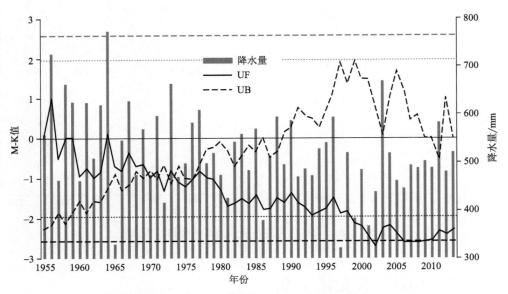

图 3-8　太行山区 1955—2013 年降水量年际变化趋势及突变点分析

（图中短虚线表示信度为 0.05 的显著性水平，长虚线表示信度为 0.01 的显著性水平）

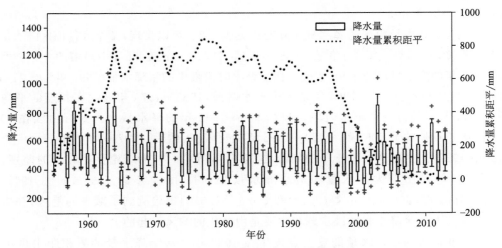

图 3-9　太行山区年降水量及其累积距平

3.2.2　降水的年内变化

（1）趋势分析

太行山区年内降水分配极不均匀，当年 11 月到翌年 3 月，太行山区气温偏低，降水量最少，该时段降水量仅占全年降水量的 7.8%，从 4 月开始，随着气温的不断升高，降水量开始增多，到 7—8 月达到最大值，雨热同期的年内气候特征表现得比较明显（图 3-11）。从 20 世纪 60 年代以来，各月降水量除了在 7—8 月表现为明显的下降趋势外，其他月份的降水量则变化相对复杂（图 3-12）。

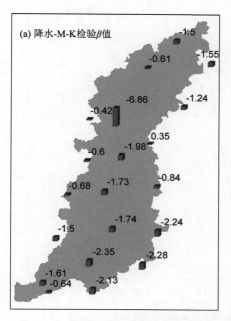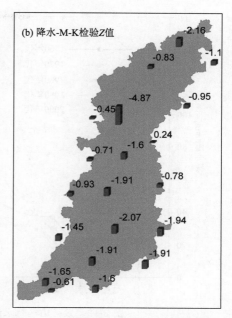

图 3-10　太行山区国家气象站年降水变化的 β 值[(a),单位:mm/(10 a)]和 Z 值(b)

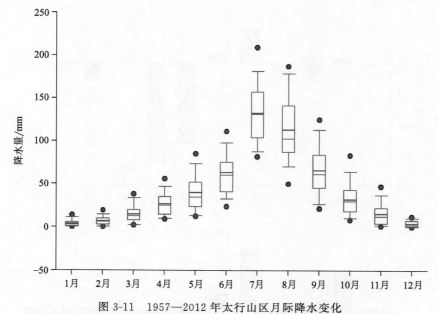

图 3-11　1957—2012 年太行山区月际降水变化

(图中方框下边和上边分别表示一组数据 25 和 75 百分位,方框内黑色横线为中值,方框内红色
横线为平均值,方框外的横线分别为 10 和 90 百分位,方框外的黑点分别为 5 和 95 百分位)

(2)趋势显著性分析

从各月降水变化情况来看,太行山区降水逐月和逐季的变化情况相对气温要复杂,说明降水波动变化频繁。Z 值在 2 月、5 月、6 月和 9 月为正值,说明这 4 个月的降水量呈增多的趋势,但并没有达到 0.05 的显著水平。其他 8 个月的降水量是减少的,只有 8 月达到 0.05 的显著水平(图 3-13)。因此,夏季降水量的减少是年降水量减少的最主要原因。

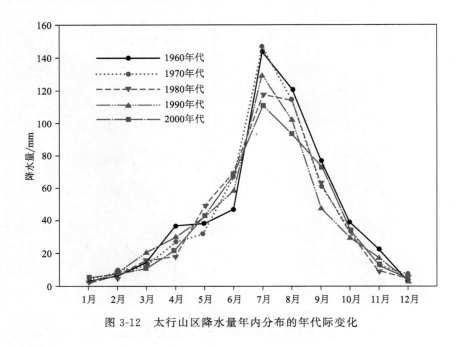

图 3-12 太行山区降水量年内分布的年代际变化

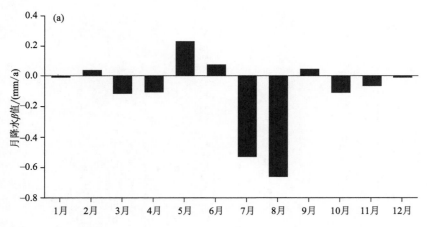

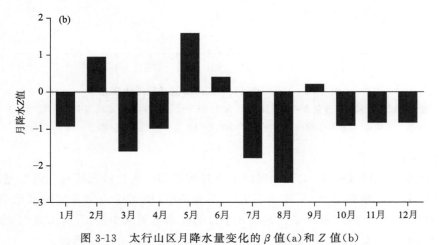

图 3-13 太行山区月降水量变化的 β 值(a)和 Z 值(b)

研究区 12 个月降水序列的 β 值中 7 月和 8 月的值最大,分别为 -0.67 mm/a 和 -0.53 mm/a,说明 7 月、8 月减少幅度最大,并且 8 月还满足 95% 的置信度检验,3—4 月和 10—12 月虽然没有通过置信度水平检验,但其 β 值均为负值,说明降水量也是减少的,而 2 月、5 月、6 月和 9 月的 β 值均为正值,说明降水量在这几个月里面是增多的(图 3-13)。从季节来看,降水季节变化的 β 值在夏季和冬季为负值,春季和秋季为正值,且夏季下降幅度最大。

(3)周期变化

从年降水的小波变换系数实部时频变化图得出,小波系数等值线在 $[-1,1]$ 之间变化,正值表明降水偏多,负值表明降水偏少。进一步分析表明,小波系数等值线在 $2\sim5$ a、$8\sim10$ a 和 $13\sim15$ a 的时段内其正、负相位变化比较频繁(图 3-14)。小波方差在 2.5 a、4.5 a、8 a 和 13 a 存在极值,其中 13 a 是第一主周期,其他时段为主周期。

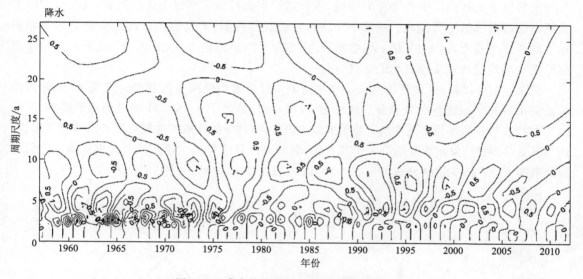

图 3-14　降水的小波变换系数实部等值线图

3.3　小结

本章基于趋势分析、突变分析和周期分析等方法对太行山区 1955—2013 年气温和降水的变化趋势进行分析。

太行山区年平均气温呈明显上升的趋势,并以 1987 年为突变年份,此后,年平均气温上升明显。年降水量总体表现为下降的趋势,但其年际波动较大,这也反映出该地区的降水受季风气候、海平面气压场、大气环流以及温室气体等多因素的影响,时、空差异较大。由此看来,太行山区的气候总体逐渐向干热化发展。

1955—2013 年期间,各月的平均气温均呈上升的趋势,升温速度以冬季最为明显,达到了 0.38℃/(10 a),并且整体升温速度在 90 年代后明显增大,这与气温突变年份是一致的。降水量的年代际变化在 7—8 月表现出明显减少的趋势,其他月份则变化复杂。

第4章 太行山区径流时空变化趋势

4.1 年径流量的变化趋势分析

从北向南依次选取张坊、中唐梅、阜平、小觉、微水、观台和五龙口 7 个水文站来分析太行山区年径流量的变化情况,其中张坊、中唐梅和阜平站位于太行山区北部的大清河流域,小觉和微水站位于太行山区中部子牙河流域,观台站位于太行山区南部南运河流域,五龙口站位于太行山区西南部的沁河流域。根据 7 个水文站的观测数据,太行山区南部水文站集水流域多年平均径流量最大,达 8.59 亿 m³;中部次之,多年平均径流量为 5.28 亿 m³;北部水文站集水流域多年平均径流量最小,仅 2.92 亿 m³。

从图 4-1 可以看出,太行山区 7 个水文站的年径流量均呈减少的趋势。运用 M-K 趋势检验法得出各站年径流量的趋势分析统计量 Z(图 4-2),通过了 $\alpha = 0.001$ 的显著水平检验(阜平站除外),表明各站年径流量均具有显著的减少趋势,各站年径流减少速度见图 4-2,可以看出,观台和五龙口年径流量减少量明显大于其他站,且研究区径流量减少速度从北向南递增,北部、中部和南部年径流减少速度分别为 5.99×10^6 m³/a、10.72×10^6 m³/a 和 22.71×10^6 m³/a。

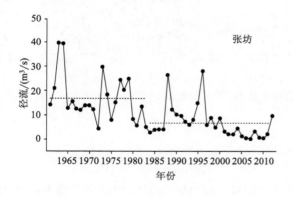

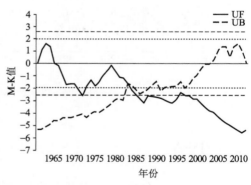

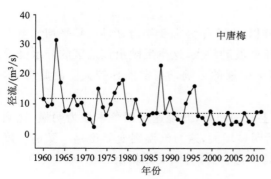

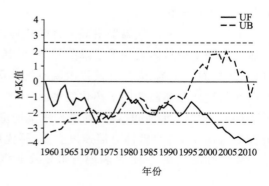

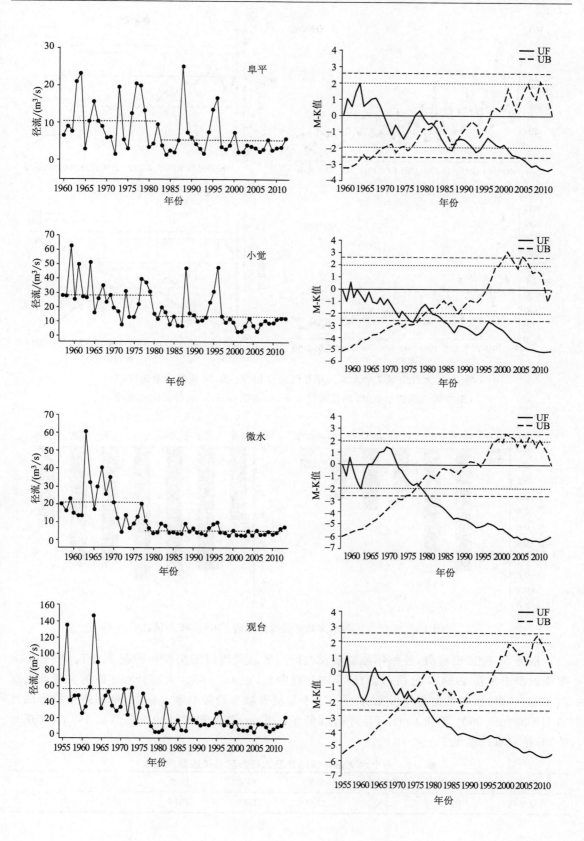

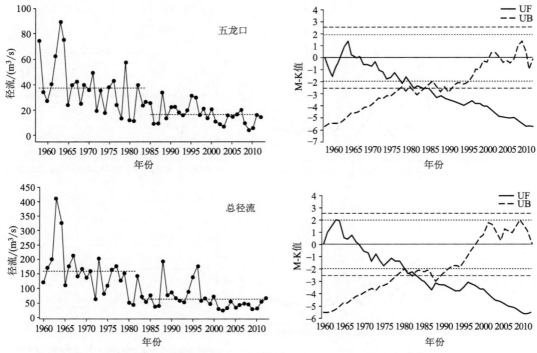

图 4-1　太行山区 7 个水文站年径流的变化（左）及 M-K 统计量曲线（右）

（图中短虚线表示 0.05 的显著性水平，长虚线表示 0.01 的显著性水平）

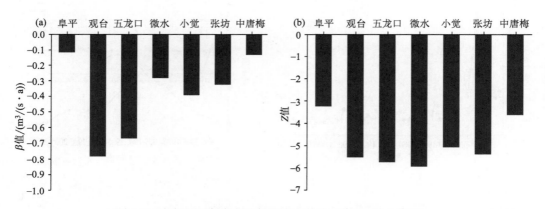

图 4-2　太行山区各水文站年径流变化的 β 值（a）和 Z 值（b）

　　根据 M-K 突变检验，各站年径流量及太行山区总径流量的突变年份见表 4-1。所有站的突变点都出现在 1984 年之前，其中最早的是观台站，在 1973 年。大部分水文站的突变点出现在 1980 年附近，各站突变年份见表 4-1。7 个呈显著减少趋势的水文站中，阜平站和中唐梅站的 UF 值直到 2001 年和 1999 年后才持续低于 -1.96，其他水文站的 UF 值从 1978 年（观台站）开始就有持续低于 -1.96 的。

表 4-1　七个水文站年径流量及太行山区总径流量突变点

站点	张坊	中唐梅	阜平	小觉	微水	观台	五龙口
突变年份	1983	1982	1983	1980	1977	1973	1983

年径流小波变换系数的实部时频变化图显示,小波系数相位变化与年降水量基本一致(图4-3),说明研究区降水量在经历多次雨量偏多期与偏少期的起伏波动的同时,径流同样发生了多次丰枯交替。根据小波方差得出,年径流具有 2.5 a、4.5 a、8 a 和 14 a 主周期,其中 8 a 为第一主周期。由此可以看出,降水对径流变化具有直接的影响,两者的波动周期基本一致,且径流量对降水变化有一定的滞后响应,这在周期变化图中也有所体现,这与下垫面条件等因素有关。

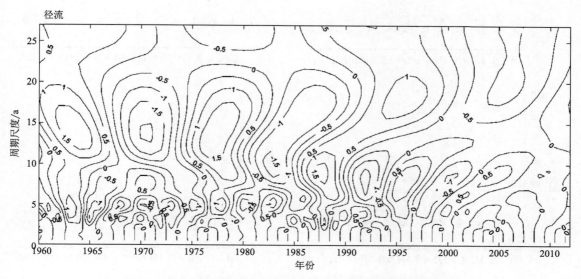

图 4-3　太行山区水文站径流总量的小波变换系数实部等值线图

4.2　径流量年内变化趋势分析

7 个水文站径流的年内分配十分不均,呈现明显的单峰变化,汛期和非汛期界线明显。各站的径流从 6 月开始迅速增大,到 8 月达到最大(图4-4),从 10 月开始又迅速减少。径流量集中在 6—10 月,从北向南各站 6—10 月的径流量分别占全年径流量的 72.20%、72.22%、77.90%、66.39%、65.08%、69.33% 和 64.00%。这主要与降水的年内分配不均有关,研究区的降水主要分布在 6—9 月,在 7 月达到最大值,由此看来,径流的年内分配与降水变化具有一致性,且径流量最大值出现时间约存在 1 个月的滞后。

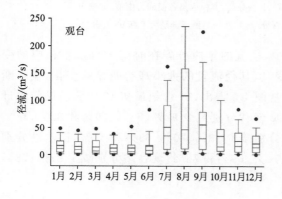

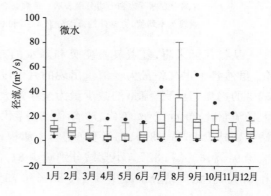

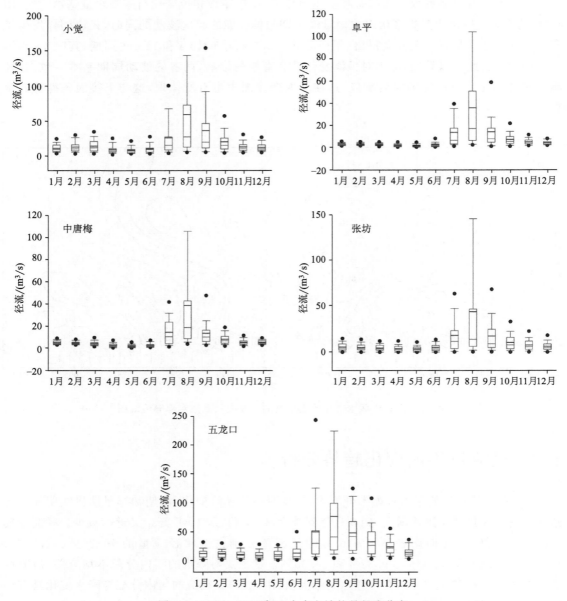

图 4-4　1957—2012 年 7 个水文站的月径流分布

（图中方框下边和上边分别表示一组数据 25 和 75 百分位,方框内黑色横线为中值,方框内
横线为平均值,方框外的横线分别为 10 和 90 百分位,方框外的黑点分别为 5 和 95 百分位）

　　从年代际来看,随着气候变暖和降水的减少,径流的年内分配在时间上也发生相应的变化,虽然各个水文站最大径流量出现的月份没变,但其径流量的大小却有明显的变化,呈不断减少的趋势,且峰值流量的减少量为全年最大,从图 4-5 得出,21 世纪最初 10 年张坊站年内最大径流量比 20 世纪 60 年代、70 年代、80 年代、90 年代分别减少 92%、87%、79% 和 82%,阜平站分别减少 85%、78%、75% 和 60%,中唐梅站分别减少 83%、70%、63% 和 50%,微水站分别减少 91%、63% 和 32%,小觉站分别减少 81%、74%、69% 和 76%,观台站分别减少 87%、78% 和 67%,五龙口站分别减少 85%、80% 和 73%。

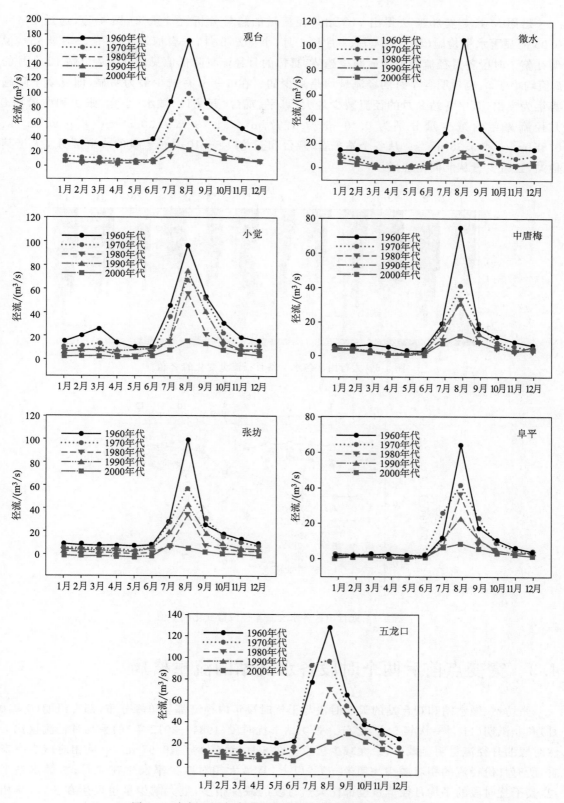

图 4-5　太行山区各水文站径流量年内分布的年代际变化

运用 M-K 趋势检验法得出 7 个站月径流量的趋势分析统计量 Z（图 4-6），通过了 $\alpha =$ 0.05 的显著水平检验（阜平站 4 月、5 月和 6 月，小觉站 5 月，中唐梅站 5 月和 12 月除外），说明在整个时段各月径流量呈明显减少趋势，具体的月径流量降低值见图 4-7，7 个站 12 个月的 β 值均小于 0，也说明各个月的径流量均是减少的。在 6—10 月减少最为明显，即夏季下降趋势最为突出，其中各站 8 月的径流减少最大，阜平、观台、五龙口、微水、小觉、张坊和中唐梅 8 月径流每年的减少量分别为 0.49 m^3/s、1.97 m^3/s、1.73 m^3/s、0.56 m^3/s、0.96 m^3/s、0.85 m^3/s 和 0.38 m^3/s。从各个站来看，观台和五龙口 6—10 月径流量的减少量明显大于其他站，且减少量从北向南递增。

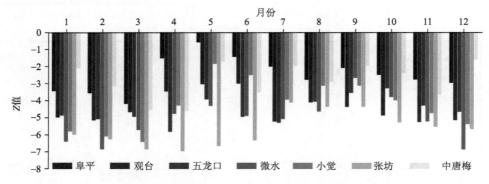

图 4-6　太行山区各水文站月径流量变化的 Z 值

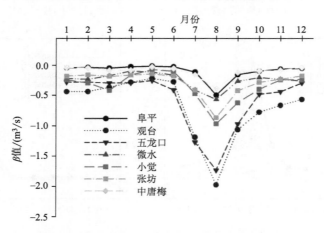

图 4-7　太行山区各水文站年径流量变化的 β 值

4.3　突变点前后两个时段各水文站的流量格局

张坊站、微水站和观台站的天然时段与干扰时段年内径流都呈单峰分布，都有汛期（6—10 月）和非汛期（11 月—次年 5 月）之分。张坊站干扰时段（1984—2012 年）的平均月径流量比天然时段的月径流量明显减少，最大减少量发生在 8 月，约减少了 40.67 m^3/s，从相对减少率来看，所有月份径流的相对减少率都在 50% 以上，且最大相对减少率发生在 4 月；对微水站来说，其干扰时段的平均月径流量也都比天然时段的减少很多，最大减少量也发生在 8 月，从相对减少率来看，与张坊站有所不同，最大相对减少率发生在 8 月，其值高达 87.29%，而冬季各月径流量的相对减少率是全年最低的；相比观台站 1957—1973 年（天然时段）的平均月径流，1973—2012 年（干扰时段）的平均月径流也显著减少。径流的绝对减少量最大值出现在 8 月，约为 45.34 m³/s，相对减少率在全年比较平稳，并且都超过了 70%（图 4-8）。

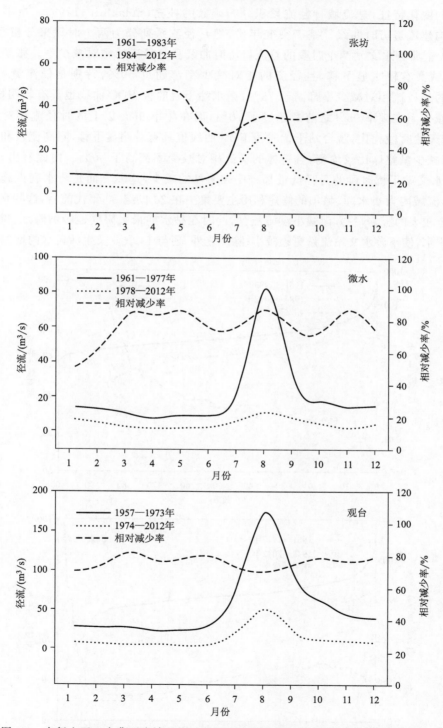

图 4-8　太行山区三个典型流域天然时段和干扰时段月平均径流量对比及相对减少率

　　流量历时曲线：流量历时曲线（FDC曲线）表示给定流域某一时段（日、月或年）某一流量发生频次与流量的关系，其间不必考虑时间的连续性，它表示了在整个时间序列中，大于或等于某一流量发生的时间百分比。流量历时曲线简单而全面地、图示化地反映了整个研究时段流域径流的变化特征，是流域日径流累积分布函数的补充（Smakhtin，1999）。本书基于月径流数据来构建流量历时曲线。基于突变年份，把月径流系列分为两个时段来分析径流变化。图4-9为3个典型水文站两个时段的月流量历时曲线和月径流的相对减少率。张坊站干扰时段FDC曲线具有较明显下移，且径流的相对减少率都超过50%，特别是低流量部分，频率80%以上的月径流相对减少率都高于75%；微水站干扰时段FDC曲线也具有较明显下移，径流的相对减少率在频率95%之前都超过了70%，而在频率95%以上的月径流相对减少量迅速降低；与天然时段相比，观台站干扰时段FDC曲线也具有较明显下移，除高流量和低流量部分外，径流减少量整体比较均衡，且整体的径流相对减少率都高于50%。由此看出，对比天然时段，3个水文站干扰时段的月径流量都有比较明显的减少，这一方面是与水利设施的建设和使用有关，流域内大小水库、塘坝的修建利用主要集中在20世纪80年代前后，这些水利设施对流域径流有较大的影响，一方面减小洪峰流量，同时在枯水期最大限度地吸纳降水，供应流域灌溉及生活用水，使下游水文站流量更趋减小；除此之外，还与工、农业及生活耗水的增加有关。

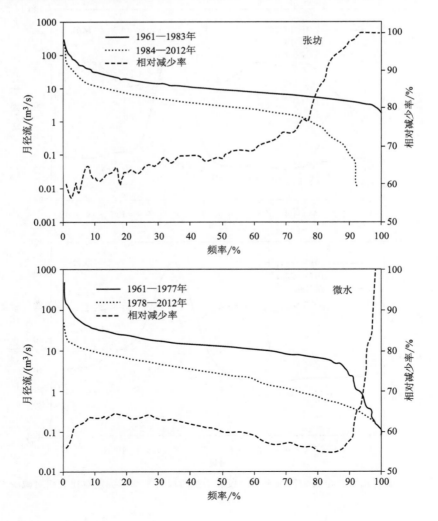

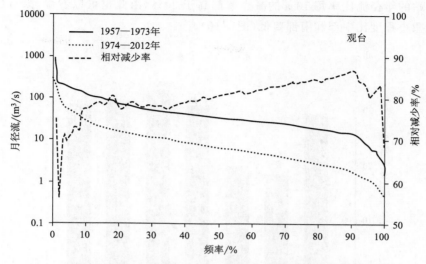

图 4-9　太行山区 3 个典型水文站天然时段和干扰时段流量历时曲线对比

为反映流域径流量变化差异,采用流量特征指标来表示,即特征频率下的流量与 50% 频率下的流量(用 Q50 表示)比(Smakhtin,2001)。根据河流水文特征,选择频率 1% 和 5% 代表高流量,90% 和 95% 频率代表低流量,并用 Q1、Q5 及 Q90 和 Q95 代表各频率下的流量值。表 4-2 列出了两个时段的高流量特征指标和低流量特征指标:与天然时段相比,突变后时段的高流量特征指标值在微水流域明显减小,而低流量特征指标值几乎不变或减小程度很小,说明流域径流年内分布趋于更加均匀,而张坊流域和观台流域突变点后时段的高流量特征指标是增大的。

表 4-2　三个典型流域天然时段和干扰时段月流量 FDC 曲线特征值指标

		张坊流域		微水流域		观台流域	
		1961—1983 年	1984—2012 年	1957—1977 年	1978—2012 年	1957—1973 年	1974—2012 年
高流量指数	Q1/Q50	16.65	20.03	12.21	7.43	18.26	23.67
	Q5/Q50	5.99	7.64	4.06	4.61	4.87	7.30
低流量指数	Q90/Q50	0.45	0.03	0.19	0.15	0.40	0.27
	Q95/Q50			0.04	0.09	0.18	0.18

4.4　径流与降水的关系

降水和径流的关系是对水文过程的一个概括性阐述。它是非常复杂的过程,特别是在半湿润和半干旱地区,在这些地区降水量轻微的变化就会导致径流的巨大变化。总体来看,选取的 7 个水文站的平均年径流量比率(径流量/降水量)都大约是 0.136,其中有 6 个低于 0.2,小觉站的平均年径流量比率最低,仅为 0.08。尽管各流域的年径流比率偏低,太行山区 1956—2012 年的年径流比率每 10 a 的减少率仍能达到 24.84%。7 个水文站中,微水、小觉、观台和五龙口4个站的年径流比率每10 a的减少率都高于30%,由此也可以看出,太行山区北部的年径流比率减小程度比中部和南部要低(图4-10)。

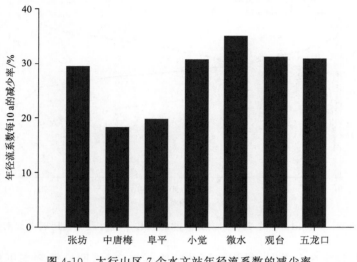

图4-10　太行山区7个水文站年径流系数的减少率

以1980年为界,7个水文站两个时段降水和径流的关系见图4-11。对于每个水文站来说,1980年后的值都低于1980年以前。这表明同样的降水量,1980年后生成的径流量比1980年前少。因此,太行山区各流域的径流可能受到强烈的人类活动的影响。

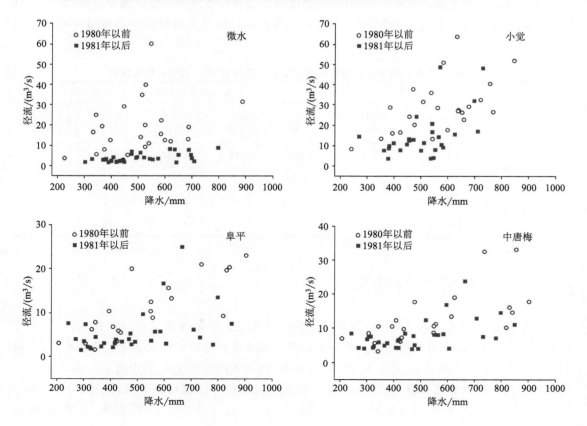

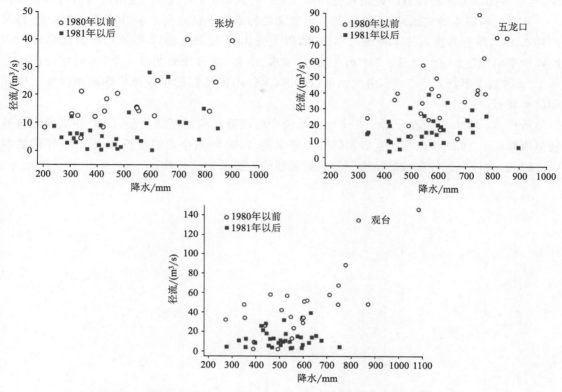

图 4-11　太行山区 7 个水文站 1980 年前、后年降水量和径流量的关系

4.5　小结

从北向南依次选取张坊、中唐梅、阜平、小觉、微水、观台和五龙口 7 个水文站点来分析太行山区径流量的变化情况。

7 个水文站的年径流呈减少的趋势,根据 M-K 突变检验,所有站的突变点都出现在 1984 年之前,其中最早的是观台站,在 1973 年。

7 个水文站径流的年内分配十分不均,呈现明显的单峰变化,汛期和非汛期界线明显。各站的径流量从 6 月开始迅速增大,到 8 月达到最高,从 10 月开始又迅速减少,这主要与降水的年内分配不均有关。

从年代际来看,随着气候变暖和降水的减少,径流的年内分配在时间上也发生相应的变化,虽然各个水文站最大径流量出现的月份没变,但其径流量的大小却有着明显的变化,呈不断减少的趋势,且峰值流量的减少量为全年最大

突变点前后张坊站、微水站和观台站的天然时段与干扰时段年内径流都呈单峰分布,都有汛期(6—10 月)和非汛期(11 月—次年 5 月)之分。干扰时段的平均月径流比天然时段的月径流量明显减少,最大减少量发生在 8 月,从相对减少率来看,所有月份径流的相对减少率都在 50%以上。

从流量历时曲线来看,对比天然时段,3 个流域干扰时段的月径流量都有比较明显的减

少,这一方面是与水利设施的建设和使用有关,另一方面还与工、农业、生活耗水的增加有关。

从径流与降水的关系来看,选取的 7 个水文站的平均年径流量比率(径流量/降水量)都大约是 0.136,尽管各流域的年径流比率偏低,但太行山区 1956—2012 年的年径流比率每 10 a 的减少率仍能达到 24.84%。7 个水文站中,微水、小觉、观台和五龙口 4 个站,的年径流比率每 10 a 的减少率都高于 30%,由此也可以看出,太行山区北部的年径流比率减小程度比中部和南部要低。

最后,以 1980 年为界分析了 7 个水文站两个时段降水和径流的关系,1980 年后各流域的径流值都低于 1980 年以前。这表明同样的降水量,1980 年后生成的径流量比 1980 年前的要少。因此,太行山区各流域的径流可能受到强烈的人类活动的影响。

第 5 章 基于 SWAT 模型的流域径流模拟

5.1 SWAT 模型输入输出模块

在流域土壤数据库和土地利用重分类代码转化表的基础上,结合 DEM 和研究区特征,将流域划分成若干子流域和流域响应单元(HRU)。模型的计算首先在 HRU 水平上进行,计算完成后汇总到子流域水平,最后由各个子流域汇总到流域总出口。SWAT 模型中采用的水量平衡方程为:

$$\mathrm{SW}_t = \mathrm{SW}_0 + \sum_{i=1}^{t}(R_{\mathrm{day}} - Q_{\mathrm{surf}} - E_{\mathrm{a}} - w_{\mathrm{seep}} - Q_{\mathrm{gw}}) \tag{5-1}$$

式中,SW_t 为最终土壤水量(mm);SW_0 为初始土壤含水量(mm);t 为时间步长(d);R_{day} 为第 i 天降水量(mm);Q_{surf} 为第 i 天的地表径流(mm);E_{a} 为第 i 天的蒸发量(mm);w_{seep} 为第 i 天存在于土壤剖面层的渗透量和侧流量(mm);Q_{gw} 为第 i 天地下水含量(mm)。

(1)地表径流

当地表供水量大于下渗水量时,就会产生地表径流。具体发生的过程为:当向干燥土壤供水时,起初土壤的下渗率很高,但随着土壤湿度的升高,下渗率逐渐减小,当供水率大于土壤的下渗率时,地表的洼地开始积水,如果供水率持续大于下渗率,一旦地表洼地被填满,地表径流也就形成。SWAT 中计算地表径流量的方法有 SCS 径流曲线系数法和 Green&Ampt 下渗法,本书采用 SCS 径流曲线系数法来计算地表径流(Hjelmfelt,1991)。该方法有以下基本假定:实际蓄水量(F)与最大蓄水量(S)的比值等于径流量(Q)与降雨量(P)和初损(I_{a})差值的比值;(I_{a})和 S 为线性关系。其降雨-径流关系表达式如下:

$$\frac{F}{S} = \frac{Q}{P - I_{\mathrm{a}}} \tag{5-2}$$

式中,P 为一次性降雨总量,单位为 mm;Q 为地表径流,单位为 mm;I_{a} 为初损,单位为 mm,即产生地表径流之前的降雨损失;F 为后损,即产生地表径流之后的降雨损失;S 为流域当时的可能最大滞留量,单位为 mm,是后损 F 的上限。其中,

$$I_{\mathrm{a}} = aS \tag{5-3}$$

式中,a 为常数,在 SCS 模型中一般取 0.2。

根据水量平衡可得:

$$F = P - I_{\mathrm{a}} - Q \tag{5-4}$$

式中,

$$Q = (P - I_{\mathrm{a}})^2/(P - I_{\mathrm{a}} + S) \tag{5-5}$$

$$S = 25400/\mathrm{CN} - 254 \tag{5-6}$$

CN 值可针对不同的土壤类型、土地利用和植被覆盖度的组合查表获得,CN 值为无量纲,

是反映降雨前期流域特征的一个综合参数,它将前期土壤湿度、坡度、土地利用方式和土壤类型状况等因素综合在一起。

为反映流域土壤水分对 CN 值的影响,SCS 模型根据前期降水量的大小将前期水分条件划分为干旱、正常和湿润 3 个等级,不同的前期土壤水分取不同的 CN 值,干旱和湿润的 CN 值由下式计算:

$$CN_1 = CN_2 - \frac{20 \times (100 - CN_2)}{100 - CN_2 + \exp\left[2.533 - 0.0636 \times (100 - CN_2)\right]} \tag{5-7}$$

$$CN_3 = CN_2 \cdot \exp\left[0.063 \times (100 - CN_2)\right] \tag{5-8}$$

式中,CN_1、CN_2 和 CN_3 分别是干旱、正常和湿润等级的 CN 值。

SCS 模型中提供了坡度大约为 5% 的 CN 值,可用下式对 CN 进行坡度订正:

$$CN_{2s} = \frac{(CN_3 - CN_2)}{3} - \left[1 - 2 \times \exp(-13.68 \cdot SLP)\right] + CN_2 \tag{5-9}$$

式中,CN_{2s} 为经过坡度订正后的正常土壤水分条件下的 CN_2 值;SLP 为子流域平均坡度,单位为 m/m。

土壤可能最大水分滞留量 S 随土壤水分变化,可由下式计算:

$$S = S_{\max}\left[1 - \frac{SW}{SW + \exp(w_1 - w_2 \cdot SW)}\right] \tag{5-10}$$

式中,$S_{\max}$ 为土壤干旱时最大可能滞留量,单位为 mm,即与 CN_1 相对应的 S 值;SW 为土壤有效水分,单位为 mm;w_1、w_2 分别为第一和第二形状系数。

假定 CN_1 下的 S 值对应凋萎点时的土壤水分,CN_3 下的 S 值对应于田间持水量,当土壤饱和时 CN_2 为 99($S=2.54$),形状系数可由下式求得:

$$w_1 = \ln\left(\frac{FC}{1 - S_3/S_{\max}} - FC\right) + w_2 \cdot FC \tag{5-11}$$

$$w_2 = \frac{\ln\left(\frac{FC}{1 - S_3/S_{\max}} - FC\right) - \ln\left(\frac{SAT}{1 - 2.54/S_{\max}} - SAT\right)}{SAT - FC} \tag{5-12}$$

式中,FC 为田间持水量,单位为 mm;SAT 为土壤饱和含水量,单位为 mm;S_3 为与 CN_3 相对应的 S 值。

(2)土壤水

土壤水可以被植物吸收或蒸腾而损耗,可以渗漏到土壤底层最终补给地下水,也可以在地表下形成径流,即壤中流。由于主要考虑径流量的多少,因此,这里只对壤中流的计算作简要说明。模型采用动力贮水方法计算壤中流。相对饱和区厚度 H_0 计算公式为:

$$H_0 = \frac{2 \times SW_{ly,excess}}{1000 \times \phi_d \cdot L_{hill}} \tag{5-13}$$

式中,$SW_{ly,excess}$ 为土壤饱和区内可流出的水量,单位为 mm;ϕ_d 为土壤可出流的孔隙率,为土壤层总孔隙度 ϕ_{soil} 与土壤层水分含量达到田间持水量的孔隙度 ϕ_{fc} 之差;L_{hill} 为山坡坡长,单位为 m。

$$\phi_d = \phi_{soil} - \phi_{fc} \tag{5-14}$$

山坡出口断面的净水量为:

$$\phi_{lat} = 24 \times H_0 \cdot \nu_{lat} \tag{5-15}$$

式中，ν_{lat} 出口断面处的流速，单位为 mm/h。其表达式为：

$$\nu_{lat} = K_{sat} \cdot SLP \tag{5-16}$$

式中，K_{sat} 为土壤饱和导水率，单位为 mm/h；SLP 为坡度。

总结上面表达式，模型中壤中流最终计算公式为：

$$Q_{lat} = 0.024 \times \frac{2 \times SW_{ly,excess} \cdot K_{sat} \cdot SLP}{\phi \cdot L_{hill}} \tag{5-17}$$

（3）地下水

模型采用下列表达式来计算流域地下水：

$$Q_{gw,i} = Q_{gw,i-1} \cdot \exp(-\alpha_{gw} \cdot \Delta t) + w_{rchrg} \cdot [1 - \exp(-\alpha_{gw} \cdot \Delta t)] \tag{5-18}$$

式中，$Q_{gw,i}$ 为第 i 天进入河道的地下水补给量，单位为 mm；$Q_{gw,i-1}$ 为第 $i-1$ 天进入河道的地下水补给量，单位为 mm；Δt 为时间步长，单位为 d；w_{rchrg} 为第 i 天蓄水层的补给流量，单位为 mm；α_{gw} 为基流的退水系数。其中补给流量由下式计算：

$$w_{rchrg,i} = [1 - \exp(-1/\delta_{gw})] \cdot W_{seep} + \exp(-1/\delta_{gw}) \cdot W_{rchrg,i-1} \tag{5-19}$$

式中，$w_{rchrg,i}$ 为第 i 天蓄水层补给量，单位为 mm；δ_{gw} 为补给滞后时间，单位为 d；W_{seep} 为第 i 天通过土壤剖面底部进入地下含水层的水分通量，单位为 mm/d；$w_{rchrg,i-1}$ 为第 $i-1$ 天蓄水层补给量，单位为 mm。

（4）蒸散量

模型考虑的蒸散是指所有地表水转化为水蒸气的过程，包括树冠截留的水分蒸发、蒸腾和升华及土壤水的蒸发。蒸散是水分转移出流域的主要途径，在许多江河流域及除南极洲以外的大陆，蒸散量都大于径流量。准确地评价蒸散量是估算水资源量的关键，也是研究气候和土地覆被变化对河川径流影响的关键。

※潜在蒸散

模型提供了 Penman-Monteith、PriesUey-Taylor 和 Hargreaves 三种计算潜在蒸散能力的方法，另外，还可以使用实测资料或已经计算好的逐日潜在蒸散资料。一般可采用 Penman-Monteith 法来计算流域的潜在蒸发量。

※实际蒸散

在潜在蒸散的基础上计算实际蒸散。SWAT 模型中，首先从植被冠层截留的蒸发开始计算，然后计算最大蒸腾量、最大升华量和最大土壤水分蒸发量，最后计算实际的升华量和土壤水分蒸发量。

※层截留蒸发量

模型在计算实际蒸发时假定尽可能蒸发冠层截留的水分，如果潜在蒸发 E_0 量小于冠层截留的自由水量 E_{INT}，则：

$$E_a = E_{can} = E_0 \tag{5-20}$$
$$E_{INT(f)} = E_{INT(i)} - E_{can} \tag{5-21}$$

式中，E_a 为某日流域的实际蒸发量，单位为 mm；E_{can} 为某日冠层自由水蒸发量，单位为 mm；E_0 为某日的潜在蒸发量，单位为 mm；$E_{INT(i)}$ 为某日植被冠层自由水初始含量，$E_{INT(f)}$ 为某日植被冠层自由水终止含量，单位为 mm。如果潜在蒸发 E_0 大于冠层截留的自由水含量 E_{INT}，则：

$$E_{can} = E_{INT(i)} \tag{5-22}$$

$$E_{\text{INT}(f)} = 0 \qquad\qquad (5\text{-}23)$$

当植被冠层截留的自由水被全部蒸发掉的,继续蒸发所需要的水分($E'_0 = E_0 - E_{\text{can}}$)就要从植被和土壤中得到。

※植物蒸腾

假设植被生长在一个理想的条件下,植物蒸腾可用以下表达式计算:

$$E_t = \frac{E'_0 \cdot \text{LAI}}{3.0} \qquad 0 \leqslant \text{LAI} \leqslant 3.0 \qquad\qquad (5\text{-}24)$$

$$E_t = E'_0 \qquad \text{LAI} > 3.0 \qquad\qquad (5\text{-}25)$$

式中,E_t 为某日最大蒸腾量,单位为 mm;E'_0 为植被冠层自由水蒸发调整后的潜在蒸发量,单位为 mm;LAI 为叶面积指数。由此计算出的蒸腾量可能比实际蒸腾量要大一些。

※土壤水分蒸发

在计算土壤水分蒸发时,首先区分不同深度土壤层所需要的蒸发量,土壤深度层次的划分决定土壤允许的最大蒸发量,可由下式计算:

$$E_{\text{soil},z} = E''_s \cdot \frac{z}{z + \exp(2.347 - 0.00713 \times z)} \qquad\qquad (5\text{-}26)$$

式中,$E_{\text{soil},z}$ 为 z 深度处蒸发需要的水量,单位为 mm;z 为地表以下土壤的深度,单位为 mm。表达式中的系数是为了满足 50% 的蒸发所需水分,它来自土壤表层 10 mm,以及 95% 的蒸发所需的水分,它来自 0～100 mm 土壤深度范围内。

土壤水分蒸发所需要的水量是由土壤上层蒸发需水量与土壤下层蒸发需水量决定的:

$$E_{\text{soil},ly} = E_{\text{soil},zl} - E_{\text{soil},zu} \qquad\qquad (5\text{-}27)$$

式中,$E_{\text{soil},ly}$ 为 l_y 层的蒸发需水量,单位为 mm;$E_{\text{soil},zl}$ 为土壤下层的蒸发需水量,单位为 mm;$E_{\text{soil},zu}$ 为土壤上层的蒸发需水量,单位为 mm。

土壤深度的划分假设 50% 的蒸发需水量由 0～10 mm 内土壤上层的含水量提供,因此,100 mm 的蒸发需水量中 50 mm 都要由 10 mm 的上层土壤提供,显然上层土壤无法满足需要,这就需要建立一个系数来调整土壤层深度的划分,以满足蒸发需水量,调整后的公式可以表示为:

$$E_{\text{soil},ly} = E_{\text{soil},zl} - E_{\text{soil},zu} \cdot \text{esco} \qquad\qquad (5\text{-}28)$$

式中,esco 为土壤蒸发调节系数,该系数是 SWAT 为调整土壤因毛细作用和土壤裂隙等因素对不同土层蒸发量而提出的,对于不同的 esco 值对应着相应的土壤层划分深度。随着 esco 值的减小,模型能够从更深层的土壤获得水分供给蒸发。当土壤层含水量低于田间持水量时,蒸发需水量也相应减少,蒸发需水量可由下式求得:

$$E'_{\text{soil},ly} = E_{\text{soil},zl} \cdot \exp\left[\frac{2.5 \times (\text{SW}_{ly} - \text{FC}_{ly})}{\text{FC}_{ly} - \text{WP}_{ly}}\right] \qquad \text{SW}_{ly} < \text{FC}_{ly} \qquad (5\text{-}29)$$

$$E'_{\text{soil},ly} = E_{\text{soil},ly} \qquad \text{SW}_{ly} \geqslant \text{FC}_{ly} \qquad\qquad (5\text{-}30)$$

式中,$E'_{\text{soil},ly}$ 为调整后的土壤 l_y 层蒸发需水量,单位为 mm;SW_{ly} 为土壤 l_y 层含水量,单位为 mm;FC_{ly} 为土壤 l_y 层的田间持水量,单位为 mm;WP_{ly} 为土壤 l_y 层的凋萎点含水量,单位为 mm。

5.2　张坊流域 SWAT 模型构建

5.2.1　水系提取与子流域划分

根据张坊水文站控制流域的 DEM 图,运用 ArcGIS 软件做出控制流域的坡度、坡向、水流流向、水流累积、流域水系以及子流域。在使用 ArcSWAT 进行水文模拟时,为了减少数据计算量和计算机运算负荷,并使得子流域的划分具有代表性意义,选取 13 个子流域进行模拟,各个子流域的特征值见表 5-1。随后将获得的 100 m 网格的张坊流域土地利用数据输入 SWAT 模型后,在模型里进行重新分类,并将原代码转换为模型需要的代码。同时,将获得的 1∶100 万张坊流域土壤类型数据输入 SWAT 模型,在模型里进行重新分类,并将原代码转换为模型需要的代码(表 5-2)。

表 5-1　张坊流域子流域特征值

流域编号	流域面积 /m²	平均坡度/°	主河道长度 /m	主河道宽度 /m	主河道深度 /m	平均高程 /m
1	91206.00	33.14	62581.94	77.02	1.99	1123.16
2	26076.00	30.45	45251.68	36.34	1.20	721.67
3	11240.00	29.82	26808.43	21.93	0.86	526.92
4	34434.00	36.20	34629.75	42.93	1.35	855.21
5	6444.00	23.69	18236.75	15.71	0.69	500.00
6	8879.00	23.04	18678.78	19.04	0.78	564.87
7	23839.00	32.46	34484.17	34.43	1.16	817.21
8	48717.00	37.02	39199.60	52.87	1.55	250.09
9	31753.00	21.04	34663.46	40.89	1.30	1202.47
10	67737.00	22.44	59254.73	64.43	1.76	545.86
11	22044.00	21.60	37542.75	32.85	1.13	847.38
12	25276.00	18.95	28267.01	35.66	1.19	850.00
13	75992.00	19.05	49721.53	69.03	1.85	952.78

表 5-2　张坊流域土壤类型代码转换表

原土壤类型				SWAT 模型重新分类		
土纲	土类	亚类	代码	代码	名称	比例
淋溶土	棕壤	棕壤	23110141	ZONGTU	棕壤	23.22%
		棕壤性土	23110144			
半淋溶土	褐土	褐土	23111112			
		石灰性褐土	23111113			
		淋溶褐土	23111114	HETU	褐土	57.94%
		褐土性土	23111118			
		栗褐土	23111121			

续表

原土壤类型				SWAT 模型重新分类		
土纲	土类	亚类	代码	代码	名称	比例
	石质土	石质土	23115181	SHIZHITU	石质土	4.98
		中性石质土	23115183			
		钙质石质土	23115184			
	粗骨土	粗骨土	23115191	CGUTU	粗骨土	10.97%
		中性粗骨土	23115193			
		钙质粗骨土	23115194			
半水成土	山地草甸土	山地草甸土	23116121	CAODTU	草甸土	0.41%
		山地草原草甸土	23116122			
	潮土	潮土	23116141	CHAOTU	潮土	2.48%

SWAT 模型在子流域的基础上,根据土地利用类型、土壤类型和坡度,将子流域内具有同一组合的不同区域划分为同一类水文响应单元,并假定同一类 HRU 在子流域内具有相同的水文行为。模型计算时对于拥有不同 HRU 的子流域,分别计算一类 HRU 的水文过程,然后在子流域出口将所有 HRU 的产出进行叠加,得到子流域的产出。HRU 数量直接决定模型运行的速度。为了反映所有土地利用类型可能对水文过程的影响,本书中采用的土地利用类型、土壤类型阈值各为 1% 和 1%,由此将研究区划分为 193 个水文响应单元。

气象数据是用于水文计算的重要输入数据,每个水文响应单元的气象数据由最邻近气象站点的资料赋予,选取蔚县和保定两个国家级气象站的资料作为气温、辐射、风速、相对湿度等数据输入的基础数据,降水数据则来源于 11 个分布在流域内的雨量站数据。

以上操作完成后,需要写入所有的输入数据,然后进入 SWAT 模型的运行界面,确定径流、降水和潜在蒸散的模拟方法后,即可执行模型运行的命令,进入水文响应单元的循环运算,并输出模拟结果,最后运用 SWAT-CUP 对模型进行校准和验证。

5.2.2 模型校准与验证

SWAT 模型是针对美国的水文、气候等环境要素开发的,尽管其计算基于物理过程,然而由于其核心方程 USLE 是针对美国水土流失状况而建立的经验公式,因此,在应用于美国以外的区域时,SWAT 模型需要根据当地的实际状况进行敏感性分析。SWAT 模型参数敏感性分析就是通过调整模型参数的初始值或是取值范围,使模型的模拟值接近测量值。

待调整的参数主要有径流曲线系数、基流回归常数、土壤蒸发补偿系数、土壤水植被可利用量、土壤饱和水力传导度、主河道河床有效水力传导度等,其代表意义如下。

(1)径流曲线系数(CN_2)

径流曲线系数(CN_2),是一个综合参数,用于控制地表径流,是最为敏感的参数之一,反映下垫面的综合情况,与流域地形、植被覆盖、土壤类型、土壤含水量和土地利用现状等因素有关,其取值范围为 0~100。硬质裸地 CN 值较大,在 80 左右,松软耕地和草地 CN 值较小,在 30~60 之间。产流量较大的土地利用类型和土壤类型,其 CN 值较大,反之则较小。CN_2 为正常土壤水文(半湿润)条件下的 CN 值。

(2)土壤有效含水量(SOL_AWC),指田间持水量,是植物可利用的水量,其值为土壤从田间含水量到植物凋萎时释放的水分。值越大,显示土壤有效含水量越大,土壤蓄水能力越强,流域地表径流和地下径流量降低,壤中流增大,而流域产流量则越小,其取值范围为 0~1。

(3)土壤蒸发补偿系数(ESCO),反映土壤中的土壤裂隙、毛细作用等对各个土层蒸发量的影响,取值范围为 0.01~1。若增大该系数,则减少深层土壤对上层土壤水量的补偿,进而减少土壤总的蒸发量,导致坡面流、壤中流和地下径流均有所增大,总径流量也会增大,因此,该系数与径流量呈正相关。

(4)基流衰退系数(ALPHA_BF),是一个反映地下水对径流补给变化的参数。该参数直接调节模拟图的峰值高度,基流衰退系数值越大,雨季径流值越大,峰值越大,但基流相对较低,ALPHA_BF 的取值越小,洪峰峰量越小,历时越长,其取值范围为 0~1。

(5)地下水再蒸发系数(GW_REVAP),对地下水产水量有重要的影响。该系数直接决定着含水层中相对非饱和区水流的强度,它反映了由深度根系植物蒸发引起的浅层地下水的变化,其值越大,表明浅层地下水流向植物根系的可能性越大,其值为 0 时显示浅层地下水不发生移动。

(6)地下水延迟系数(GW_DELAY),土壤水通过渗漏或旁通流穿过土壤剖面底部进入并流经包气带,之后成为浅层地下水补给,地下水延迟系数是指水分离开土壤剖面到进入浅层含水层之间的时间延迟,主要取决于地下水面的深度以及包气带和地下水饱和带地质组分的水力性质。调节基流的坡度,值越高,基流的坡度越平缓。

(7)土壤饱和水力传导度(SOL_K),是土壤水下渗的指标性参数,取值范围 0~100 mm/h。和土壤水植被可利用量(SOL_AWC)一样,需分层赋值。

(8)主河道河床有效水力传导度(CH_K2),是河道汇流的一个重要指标,对河道和地下水交换有重要的意义,取值范围 0.025~76 mm/h。渗透性很差:0.025~2.5 mm/h,沙砾稠黏土:6~25 mm/h,沙砾稀黏土:25~76 mm/h。

据此,应用 SWAT-CUP 中的 SUFI2 敏感性分析方法,对影响径流模拟的参数因子进行敏感性分析。通过敏感性分析得到对径流模拟结果有较大影响的参数取值(表 5-3)及对应的 p 值和 t 值(表 5-4)。根据分析结果,最终使模型的模拟值与实测值更加吻合。

表 5-3 张坊流域敏感性参数率定值

参数	意义	率定值
CN2	SCS 径流曲线系数	62.37
GW_DELAY	地下水延迟系数	313.5
ALPHA_BF	基流衰退系数	0.025
GWQMN	浅层地下水径流系数	6.875
GW_REVAP	地下水再蒸发系数	0.02
REVAPMN	浅层地下水再蒸发系数	8.25
ESCO	土壤蒸发补偿系数	0.155
CH_N	主河道曼宁系数	0.14
CH_K2	河道有效水导电率	126.875

表 5-4 张坊流域敏感性参数的 p 值和 t 值

参数	t 值	p 值
CN2	−3.26	0.02
ESCO	2.86	0.03
GWQMN	−2.67	0.04
SOL_K	2.09	0.08
ALPHA_BF	−1.89	0.11
GW_REVAP	1.78	0.13
SOL_BD	1.73	0.13
CH_K2	−1.24	0.26
CH_N2	−1.14	0.30
SOL_AWC	−0.29	0.78
GW_DELAY	−0.27	0.79

径流模拟时,用 1990 年的土地利用图代表 1990 年以前的土地利用状况,本研究首先选用了张坊水文站 1961—1970 年的径流资料对模型进行校准,并采用模型校准过程中得到的参数对 1970—1983 年的径流数据进行验证。在运用 SWAT-CUP 对径流进行模拟的过程中,得到了相应的敏感性参数及其对应的参数值。

5.2.3 SWAT 径流模拟结果分析

在研究中,可以选择相对误差、相关系数和 Nash-Suttcliffe 系数 E_{NS} 来判断模型的适用性。如果满足如下标准:模拟值与实测值的 $|R_e| \leqslant 15\%$、$R^2 > 0.6$ 且 $E_{NS} > 0.5$,则表示 SWAT 模型径流模拟的精度满足要求,即 SWAT 模型在研究流域适用。其计算公式如下所示。

※相对误差 R_e:

$$R_e = \frac{P_r - Q_r}{Q_r} \times 100\% \tag{5-31}$$

式中,R_e 是模拟的相对误差;P_r 是模型模拟值;Q_r 是实测值。

如果 R_e 为正,说明模拟值偏大;如果 R_e 为负,说明模拟值偏小;如果 R_e 为 0,说明模拟值等于实测值。

※决定系数 R^2:

决定系数 R^2 可以利用 Excel 通过线性回归法求得,当 $R^2 = 1$ 时,表示模拟值与实测值非常吻合;当 $R^2 < 1$ 时,其值越大,两者的相似度就越高。

※Nash-Sutcliffe 系数(E_{NS}):

$$E_{NS} = 1 - \frac{\sum_{i=1}^{n}(Q_{obs} - Q_{sim})i^2}{\sum_{i=1}^{n}(Q_{obs} - \overline{Q_{obs}})^2} \tag{5-32}$$

式中,Q_{obs} 是实测值;Q_{sim} 是模拟值;$\overline{Q_{sim}}$ 是实测平均值;n 为实测值的个数。当 E_{NS} 的值越接近于 1 时,其模拟结果越精确。

通过调整参数,校准期与验证期张坊站控制流域月均径流模拟值与实测值如图 5-1 所示,极端暴雨事件和水文条件发生的月份,流量的模拟有所不同,除此之外,整个时期的月模拟值普遍较好。校准期月均径流模拟值与实测值的相对误差 R_e 为 4.43%,决定系数(R^2)为 0.94,Nash-Suttcliffe 系数(E_{NS})为 0.94;验证期月均径流模拟值与实测值的相对误差 R_e 为 12.48%,决定系数(R^2)为 0.73,Nash-Suttcliffe 系数(E_{NS})为 0.65。校准期与验证期模拟值与实测值误差小于实测值的 15%,$R^2>0.6$,且 $E_{NS}>0.5$,精度满足模拟要求,表明 SWAT 模型月径流模拟适用于张坊水文站控制流域。

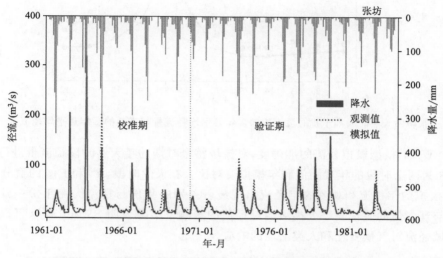

图 5-1　1961—1983 年张坊站月模拟径流量与观测径流量对比

　　为了进一步检验 SWAT 模型在每个月的模拟情况,图 5-2 分别展示了天然时段和干扰时段观测的和模拟的月平均径流量。天然时段,受夏季峰值径流的低估或者模型误差的影响,某些月份的模拟值与观测值有微小的差异,但模拟结果仍能较好地反映流域实际的径流过程,且 R^2 和 E_{NS} 的值都超过 0.96。干扰时段,模拟值和观测值的季节分布基本一致,但模拟值普遍高于实测值。总体看来,SWAT 模型对张坊流域校准期和验证期月径流的模拟准确度是可以接受的。

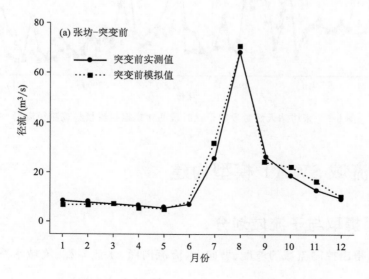

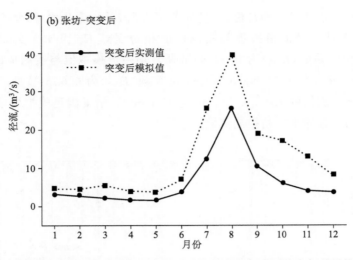

图 5-2　张坊站天然时段和干扰时段模拟的多年月平均径流量与观测的多年月平均径流量的对比

　　基于 SWAT 模型模拟径流的准确度,对流域整个时期的年天然时段径流量进行了重新构建。图 5-3 为两个时段的年观测值和年模拟值对比。在天然时段,R^2 和 E_{NS} 的值分别为 0.82 和 0.81。模拟的年径流和观测的年径流出现显著差别的年份与径流突变年份一致。干扰时段模拟值与观测值的差代表了人类活动对径流的影响。结果表明 SWAT 模型可以很好地用来分析流域径流对气候变化和人类活动的响应。

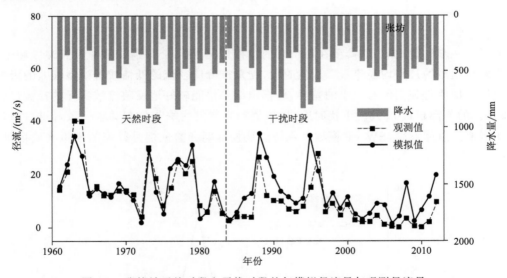

图 5-3　张坊站天然时段和干扰时段的年模拟径流量与观测径流量

5.3　微水流域 SWAT 模型构建

5.3.1　水系提取与子流域划分

　　基于 DEM,得出控制流域的坡度、坡向、水流流向图、水流累积、流域水系以及子流域,然后将流域划分为 18 个子流域,各子流域的特征值见表 5-5。随后将获得的 100 m 网格的微水流域土地利用数据输入 SWAT 模型后,在模型里进行重新分类,并将原代码转换为模型需要的代码。同时,将获得的 1∶100 万微水流域土壤类型数据输入 SWAT 模型,在模型里进行重新分类,并将原代码转换为模型需要的代码(表 5-6)。

表 5-5　微水流域子流域特征值

流域编号	流域面积/m²	平均坡度/°	主河道长度/m	主河道宽度/m	主河道深度/m	平均高程/m
1	7896.00	13.22	18278.78	17.74	0.75	369.84
2	34802.00	18.35	50100.21	43.21	1.35	620.39
3	10159.00	14.72	17146.80	20.64	0.83	491.47
4	134855.00	8.93	95967.93	97.39	2.32	1021.76
5	23939.00	14.07	45509.65	34.52	1.16	684.48
6	180.00	5.62	4162.13	1.84	0.16	612.16
7	46191.00	10.28	50247.52	51.21	1.51	1080.49
8	57545.00	16.62	49337.47	58.42	1.65	608.98
9	17805.00	14.91	31422.03	28.90	1.03	905.11
10	21339.00	7.80	28735.28	32.22	1.11	877.52
11	39622.00	8.58	35213.20	46.70	1.42	916.52
12	40888.00	22.99	45561.12	47.59	1.44	879.56
13	13028.00	14.83	20113.10	23.96	0.91	923.97
14	25623.00	19.29	32300.10	35.96	1.20	1094.23
15	5499.00	14.71	13725.48	14.28	0.65	983.49
16	16587.00	10.31	31532.69	27.70	1.00	1189.12
17	62702.00	8.46	53387.21	61.51	1.71	1133.43
18	32648.00	13.85	38507.21	41.58	1.32	1234.42

表 5-6　微水流域土壤类型代码转换

原土壤类型				SWAT 模型重新分类		
土纲	土类	亚类	代码	代码	名称	比例
半淋溶土	褐土	褐土	23111112	HETU	褐土	11.78%
	黄绵土	黄绵土	23115101	MIANTU	黄绵土	71.00%
	新积土	新积土	23115122			
初育土	石质土	冲积土	23115123	XINJTU	冲积土	15.71%
		石质土	23115181	SHIZHITU	石质土	0.80%
	草甸风沙土	钙质石质土	23115184			
		草甸风沙土	23115143	FSHTU	风沙土	0.72%

SWAT 模型在以上数据处理的基础上,选定的土地利用类型、土壤类型阈值均为 1%,将子流域内具有同一组合的不同区域划分为同一类水文响应单元,由此将微水流域划分为 199 个水文响应单元。

最后选取阳泉国家级气象站的资料作为气温、辐射、风速、相对湿度等数据输入的基础数据,降水数据则来源于 19 个分布在流域内的雨量站数据。以上操作完成后,写入所有的参数,然后进入 SWAT 模型的运行界面。

5.3.2　模型校准与验证

应用 SWAT-CUP 中的 SUFI2 敏感性分析方法,对影响径流模拟的参数因子进行敏感性分析。先根据 1957—1966 年观测的月径流量数据校准模型参数,然后利用 1967—1977 年的月径流来验证校准过的参数,从而得出对微水流域径流有较大影响的参数取值(表 5-7)及对应的 p 值和 t 值(表 5-8)。

表 5-7　微水流域敏感性参数率定值

参数	意义	率定值
CN2	SCS 径流曲线系数	70.55
GW_DELAY	地下水延迟系数	439.5
ALPHA_BF	基流衰退系数	0.48
GWQMN	浅层地下水径流系数	5.625
GW_REVAP	地下水再蒸发系数	0.02
REVAPMN	浅层地下水再蒸发系数	1.00
ESCO	土壤蒸发补偿系数	0.055
OV_N	主河道曼宁系数	0.14
CH_K2	河道有效水导电率	39.38

表 5-8　微水流域敏感性参数的 p 值和 t 值

参数	t 值	p 值
GW_DELAY	3.95	0.01
SOL_AWC	2.18	0.07
SOL_K	2.05	0.09
ESCO	1.96	0.10
OV_N	1.88	0.11
CN2	1.35	0.23
ALPHA_BF	1.03	0.34
SOL_BD	0.88	0.41
CH_K2	0.84	0.43
GW_REVAP	0.30	0.77
GWQMN	0.19	0.85

5.3.3　SWAT 径流模拟结果分析

通过对比模型模拟的月径流与实测值,可以看出微水流域的模拟结果相对要差一些,1960—1962 年和 1971—1977 年这些年份 8 月以后的月份模拟结果偏高(图 5-4)。通过对相对误差、R^2 和 E_{NS} 这 3 个指标的估算得出:校准期月均径流模拟值与实测值的相对误差 R_e 为

16.48%,决定系数(R^2)为 0.96,Nash-Suttcliffe 模拟系数(E_{NS})为 0.96;验证期月均径流模拟值与实测值的相对误差 R_e 为 17.68%,决定系数(R^2)为 0.77,Nash-Suttcliffe 模拟系数(E_{NS})为 0.80。校准期与验证期模拟值与实测值误差略大于实测值的 15%,$R^2 > 0.6$,且 $E_{NS} > 0.5$,精度可满足模拟要求,表明模拟值和观测值总体有较好的一致性,说明 SWAT 模型的模拟结果在可以接受的范围。

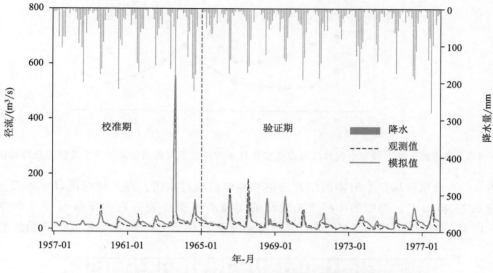

图 5-4　1957—1977 年微水站模拟径流量与观测径流量对比

为了检验 SWAT 模型在每个月的模拟情况,图 5-5 给出了两个时段观测和模拟的月平均径流量。两个时段的模拟值与观测值分布趋势是一致的,天然时段汛期的拟合程度很高,而非汛期模拟值偏高,估算的 R^2 和 E_{NS} 的值分别为 0.87 和 0.94。干扰时段各月的模拟值普遍高于实测值。总体看来,SWAT 模型对该流域校准期和验证期月径流的模拟准确度也是可以接受的。

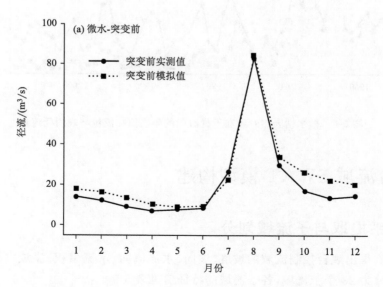

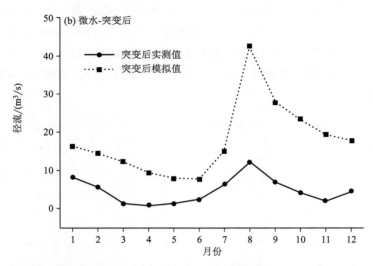

图 5-5　微水站天然时段和干扰时段模拟的多年月平均径流量与观测的多年月平均径流量的对比

图 5-6 为微水流域整个时期的年观测值和年模拟值对比图。在天然时段，R^2 和 E_{NS} 的值分别为 0.97 和 0.95。模拟的年径流和观测的年径流出现显著差别的年份与径流突变年份一致。因此，同样可以用 SWAT 模型来估算微水流域径流对气候变化和人类活动的响应。

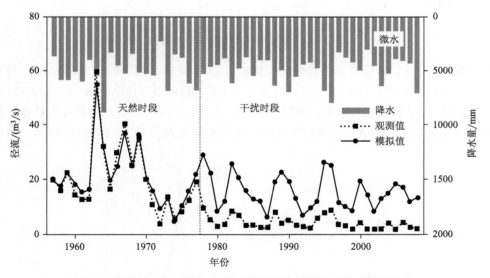

图 5-6　微水站天然时段和干扰时段的年模拟径流量与观测径流量

5.4　观台流域 SWAT 模型构建

5.4.1　水系提取与子流域划分

基于 DEM，得出观台控制流域的坡度、坡向、水流流向、水流累积、流域水系以及子流域，然后将流域划分为 23 个子流域，各子流域的特征值见表 5-9。

表 5-9　观台流域子流域特征值

流域编号	流域面积/m²	平均坡度/°	主河道长度/m	主河道宽度/m	主河道深度/m	平均高程/m
1	153638.00	11.87	82384.48	105.31	2.45	1402.86
2	142501.00	18.52	96880.32	100.67	2.37	1418.06
3	47291.00	7.09	43145.79	51.93	1.53	1162.37
4	186681.00	6.70	71810.87	118.37	2.64	1207.25
5	42995.00	3.02	31501.32	49.05	1.47	1060.77
6	53809.00	8.28	49090.16	56.12	1.61	1285.45
7	52380.00	6.09	37681.83	55.22	1.59	1066.39
8	103880.00	26.14	59942.34	83.27	2.09	1072.50
9	41257.00	14.43	38085.39	47.85	1.45	764.44
10	20747.00	6.04	28449.24	31.68	1.10	977.80
11	185015.00	3.64	75960.72	117.74	2.64	1055.65
12	58984.00	21.96	48181.33	59.30	1.67	711.20
13	3011.00	19.84	13227.31	9.95	0.51	563.32
14	95593.00	14.06	64345.90	79.22	2.02	1013.83
15	54082.00	14.30	42293.10	56.29	1.61	443.48
16	59715.00	26.68	45946.30	59.74	1.68	920.72
17	56995.00	13.57	42574.12	58.09	1.65	1189.59
18	65790.00	27.52	55616.25	63.31	1.74	1251.84
19	59066.00	1.90	48739.80	59.35	1.67	952.37
20	44696.00	5.81	55267.11	50.21	1.49	1108.13
21	48125.00	1.15	46300.71	52.48	1.54	971.73
22	107710.00	6.04	79125.29	85.10	2.12	1116.04
23	75997.00	4.50	60867.72	69.03	1.85	1120.56

　　随后将获得的 100 m 网格的观台流域土地利用数据输入 SWAT 模型,在模型里进行重新分类,并将原代码转换为模型需要的代码。同时,将获得的 1∶100 万观台流域土壤类型数据输入 SWAT 模型,在模型中进行重新分类,并将原代码转换为模型需要的代码(表 5-10)。

　　在此基础上,SWAT 模型选定土地利用类型、土壤类型阈值各为 1% 和 1%,将子流域内具有同一组合的不同区域划分为同一类水文响应单元,由此将流域划分为 293 个水文响应单元。

表 5-10　观台流域土壤类型代码转换表

原土壤类型				SWAT 模型重新分类		
土纲	土类	亚类	代码	代码	名称	比例
淋溶土	棕壤	棕壤	23110141	ZONGTU	棕壤	0.60%
		棕壤性土	23110144			

原土壤类型			SWAT 模型重新分类		
	褐土	褐土	23111112		
		石灰性褐土	23111113		
半淋溶土	褐土	淋溶褐土	23111114	HETU	褐土
		潮褐土	23111115		
		褐土性土	23111118		
	黄绵土	黄绵土	23115101	MIANTU	黄绵土	33.98%
	新积土	冲积土	23115123	XINJTU	冲积土	2.06%
初育土	石质土	石质土	23115181		
		中性石质土	23115183		
		钙质石质土	23115184	SHIZHITU	石质土	10.02%
	粗骨土	粗骨土	23115191		
		钙质粗骨土	23115194	CGUTU	粗骨土	11.73%
半水成土	山地草甸土	山地草甸土	23116121	CAODTU	草甸土	0.25%
	潮土	潮土	23116141	CHAOTU	潮土	7.15%
湖泊、水库	湖泊、水库	湖泊、水库	23120112	SHUIKU	水库	0.26%

最后在观台站控制流域选取安阳、榆社和晋东南 3 个国家级气象站的资料作为气温、辐射、风速、相对湿度等数据输入的基础数据,降水数据则来源于 23 个分布在控制流域内的雨量站数据。以上操作完成后,写入所有的参数,然后进入 SWAT 模型的运行界面。

5.4.2 模型校准与验证

应用 SWAT-CUP 中的 SUFI2 敏感性分析方法,对影响径流模拟的参数因子进行敏感性分析。本节中,选用了观台水文站 1957—1965 的径流资料对模型进行校准,并采用模型校准过程中得到的参数对 1966—1973 的径流数据进行验证。在运用 SWAT-CUP 对径流进行模拟的过程中,选取了最敏感的参数来校准和验证模型,这些参数能代表地表径流、地下水和土壤特性。通过敏感性分析,得到对径流模拟结果有较大影响的参数取值(表 5-11)及对应的 p 值和 t 值(表 5-12),从而使模型的模拟值与实测值更加吻合。

表 5-11　观台流域敏感性参数率定值

参数	意义	率定值
CN2	SCS 径流曲线系数	77.77
GW_DELAY	地下水延迟系数	313.5
ALPHA_BF	基流衰退系数	0.375
GWQMN	浅层地下水径流系数	9.375
GW_REVAP	地下水再蒸发系数	0.02
REVAPMN	浅层地下水再蒸发系数	1.00
ESCO	土壤蒸发补偿系数	0.165
OV_N	主河道曼宁系数	0.14
CH_K2	河道有效水导电率	95.63

表 5-12　观台流域敏感性参数的 p 值和 t 值

参数	t 值	p 值
CN2	-10.88	0.01
GW_REVAP	8.39	0.01
SOL_AWC	-6.93	0.02
GWQMN	-6.33	0.02
SOL_K	5.65	0.03
SOL_BD	-5.58	0.03
ESCO	-4.99	0.04
GW_DELAY	-3.90	0.06
ESCO	3.85	0.06
CH_K2	-1.20	0.35
OV_N	0.12	0.92

5.4.3　SWAT 径流模拟结果分析

　　通过对比模型模拟的月径流与实测值,1958—1961 年 6—9 月的峰值被高估,而剩余的大部分年份 8 月的值则被低估(图 5-7)。尽管如此,模型模拟结果的好坏还需要通过实测的月径流进行校准和验证。校准期月均径流模拟值与实测值的相对误差(R_e)为 6.82%,决定系数(R^2)为 0.75,Nash-Suttcliffe 模拟系数 E_{NS} 为 0.90;验证期月均径流模拟值与实测值的相对误差(R_e)为 11.50%,决定系数(R^2)为 0.79,Nash-Suttcliffe 模拟系数 E_{NS} 为 0.84(表 5-13)。校准期与验证期模拟值与实测值误差小于实测值的 15%、$R^2 > 0.6$ 且 $E_{NS} > 0.5$,精度可满足模拟要求,表明模拟值和观测值总体有较好的一致性,表明 SWAT 模型的模拟结果较好。

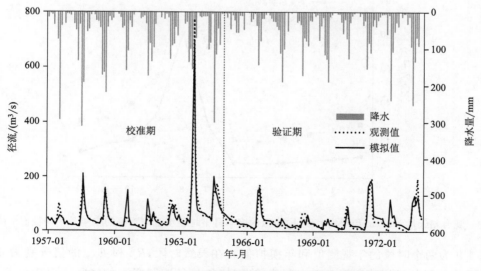

图 5-7　1957—1973 年观台站模拟径流量与观测径流量对比

表 5-13 观台流域逐月径流模拟评价

指标	校准期	验证期
决定系数	0.75	0.79
E_{NS}	0.90	0.84
相对误差	6.82%	11.50%

为了检验 SWAT 模型在每个月的模拟情况,图 5-8 给出了该流域两个时段观测的和模拟的月平均径流量。同样地,在天然时段,模拟值曲线与观测值曲线拟合得较好,R^2 和 E_{NS} 的值分别达到了 0.96 和 0.98;干扰时段的模拟值虽然都明显高于实测值,但是其总的趋势是一致的。这说明模型对观台流域校准期和验证期月径流的模拟准确性也是合理的。

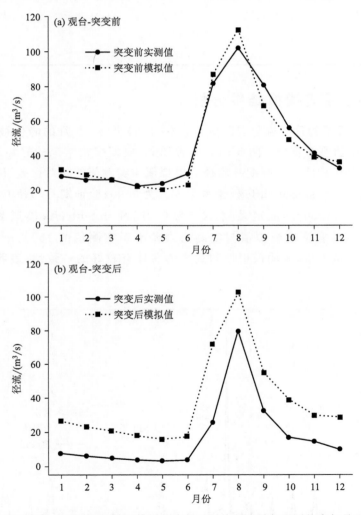

图 5-8 观台站天然时段(a)和干扰时段(b)模拟的多年月平均径流量与观测的多年月平均径流量的对比

图 5-9 为两个时段的年观测值和年模拟值。在天然时段,R^2 和 E_{NS} 的值分别为 0.86 和 0.82。干扰时段的模拟值明显大于实测值,且模拟的年径流和观测的年径流出现显著差别的年份与径流突变年份一致(出现在 1973 年)。模拟值与观测值的差也代表了人类活动对径流

的影响。结果同样表明,可以用 SWAT 模型来分析观台流域径流对气候变化和人类活动的响应。

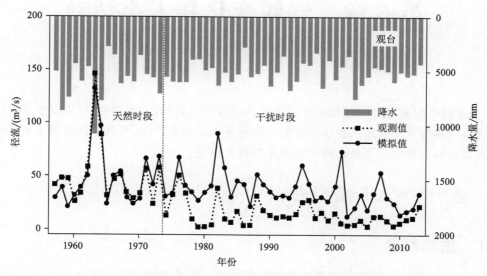

图 5-9　观台站天然时段和干扰时段的年模拟径流量与观测径流量

5.5　小结

本章在太行山区北部、中部和南部分别选取张坊流域、微水流域和观台流域为研究对象,并在这 3 个流域上建立 SWAT 分布式水文模型,对流域的水文过程进行模拟,并通过 SWAT-CUP 对模型的参数进行校准和验证,以获取各流域最佳的参数值,提高模拟的精度。

3 个流域月模拟结果显示,校准期与验证期模拟值与实测值误差小于实测值的 15%、$R^2 > 0.6$ 且 $E_{NS} > 0.5$,精度可满足模拟要求,表明 SWAT 模型径流模拟在张坊、微水和观台流域均有较好的适用性。

3 个流域年径流模拟结果显示,天然时段模拟值与观测值的吻合很好,干扰时段的模拟值明显大于实测值,模拟值与观测值的差代表了人类活动对径流的影响,这说明可以用 SWAT 模型来区分这 3 个流域径流对气候变化和人类活动的响应。

第6章 气候变化和人类活动
对径流减少的贡献率

研究区径流的减少是由气候变化和人类活动共同引起的,在本书中,径流减少的原因主要通过 SWAT 模型法和弹性系数法来分析。在所有的影响因子中,气温和降水是主要的气候因子,而人类活动主要包括下垫面的变化和水资源的消耗。

6.1 基于 SWAT 模型法

6.1.1 估算原理

径流变化的驱动因子包括气候变化和人类活动。年径流的突变点表示年径流的突变。根据突变点,整个时间序列被分为两段。突变点之前的时段称为"天然时段",在这个时段径流量没有显著的增加或减少。这说明水循环和水资源系统保持接近天然的状态,且假定未受到人类活动的影响。突变点以后的时段被称为"干扰时段",在这个时段径流量有明显的变化。这说明水循环和水资源系统受到气候变化和人类活动的共同影响。

利用天然时段的水文数据,水文模型的参数可以被校准,并能代表天然条件下流域的特征。然后,采用相同的水文参数和干扰时段的气象数据,干扰时段无人类活动影响的天然径流就能通过水文模型重新构建。因此,两个时段重新构建的天然径流的差值就表示气候变化对径流的影响。

具体的估算过程主要基于以下公式:

$$\Delta Q = Q_1 - Q_2 \tag{6-1}$$

$$\Delta Q = \Delta Q_{climate} + \Delta Q_{human} \tag{6-2}$$

$$\Delta Q_{climate} = Q_{sim1} - Q_{sim2} \tag{6-3}$$

$$\lambda_{climate} = \frac{\Delta Q_{climate}}{\Delta Q} \times 100\% \tag{6-4}$$

$$\lambda_{human} = \frac{\Delta Q_{human}}{\Delta Q} \times 100\% \tag{6-5}$$

式中,ΔQ 为总的径流变化量,单位为 mm;Q_1 为天然时段的径流观测值,单位为 mm;Q_2 为干扰时段的径流观测值,单位为 mm;$\Delta Q_{climate}$ 为气候变化引起的径流变化量,单位为 mm;ΔQ_{human} 为人类活动引起的径流变化量,单位为 mm;Q_{sim1} 为天然时段的径流模拟值,单位为 mm;Q_{sim2} 为干扰时段的径流模拟值,单位为 mm;$\lambda_{climate}$ 为气候变化对径流变化量的贡献率;λ_{human} 为人类活动对径流变化量的贡献率。

6.1.2 典型流域气候变化和人类活动贡献率分析

在张坊流域,观测的平均年径流从天然时段(1961—1983 年)的 109.26 mm 减少到干扰时段(1984—2012 年)的 43.59 mm,减少了 65.67 mm。同时,基于 SWAT 模型构建的两个时段的天然径流量分别为 106.49 mm 和 77.85 mm,减少了 28.63 mm。这说明气候变化和人类活动分别占年径流量减少量的 43.60%(28.63 mm/65.57 mm)和 56.40%。

微水流域观测的平均年径流从天然时段(1957—1977 年)的 108.69 mm 减少到干扰时段 (1978—2008 年)的 22.45 mm,减少了 86.24 mm。同时,基于 SWAT 模型构建的两个时段的天然径流量分别为 113.17 mm 和 81.60 mm,减少了 31.57 mm。根据公式得出微水流域气候变化对径流减少的贡献率约为 36.61%(31.57 mm/86.24 mm),人类活动的贡献率则为 63.39%。

观台流域观测的平均年径流从天然时段(1957—1973 年)的 90.50 mm 减少到干扰时段 (1974—2013 年)的 24.81 mm,减少了 65.69 mm。同时,基于 SWAT 模型构建的两个时段的天然径流量分别为 87.11 mm 和 68.29 mm,减少了 18.82 mm。说明该流域气候变化引起 18.82 mm 径流的减少,约占总减少量的 28.65%,而剩余的 71.35% 的径流减少量则主要是由人类活动引起的(表 6-1)。

表 6-1　基于 SWAT 模型的气候变化和人类活动对径流减少量的贡献率

流域	阶段	观测流量/mm	模拟流量/mm	实测流量变化量/mm	模拟流量变化量/mm	SWAT 模型	
						气候变化贡献率/%	人类活动贡献率/%
张坊	1961—1983 年	109.26	106.49				
	1984—2012 年	43.56	77.85	65.67	28.63	43.60	56.40
微水	1957—1977 年	108.69	113.17				
	1978—2008 年	22.45	81.60	86.24	31.57	36.61	63.39
观台	1957—1973 年	90.50	87.11	—		—	—
	1974—2013 年	24.81	68.29	65.70	18.82	28.65	71.35

根据同样的算法,对气候变化和人类活动在月径流减少量上的贡献率进行分析(图 6-1)。总体来看,月贡献率与年贡献率的结论基本一致。张坊流域气候变化对径流减少的贡献率在 8 月最高,约为 72.66%,其他月份的贡献率处于波动起伏的状态;微水流域和观台流域气候变

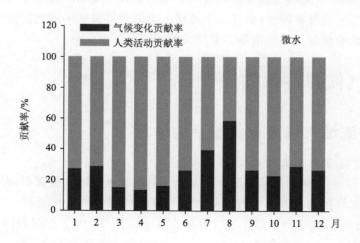

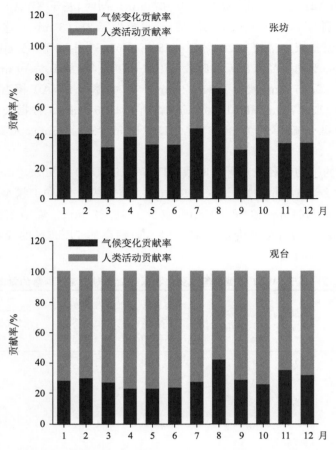

图 6-1　基于 SWAT 模型的气候变化和人类活动对月径流减少量的贡献率

化贡献率也是在 8 月最高,分别约为 59.00％和 42.25％,且两个流域 12 个月贡献率分布格局相似,夏季各月气候变化的贡献率最高,冬季各月的贡献率次之,春、秋季的贡献率则是最低。

　　综上分析,张坊、微水和观台 3 个流域气候变化对径流减少量的贡献率分别为 43.60％、36.61％和 28.65％,3 个流域气候变化的贡献率都低于人类活动的贡献率,说明人类活动是太行山区径流减少的主要影响因子;而且 3 个流域人类活动的贡献率从北向南呈现增大的趋势,表明人类活动的影响程度从北向南是不断增强的。

6.2　基于气候弹性系数法

6.2.1　张坊流域气候变化贡献率的估算

6.2.1.1　降水量与潜在蒸散量的变化

　　基于流域内 11 个雨量站及周围 2 个国家级气象站的逐年降水量数据,得出该流域 1961—2012 年的逐年降水量数据,图 6-2 为流域降水量与潜在蒸散量的变化情况。可以看出,在整个阶段(1961—2012 年),流域的年降水量有明显的减少趋势,其中,天然时段(1961—1983 年)年平均降水量为 501.65 mm,干扰时段(1984—2012 年)年平均降水量为 460.96 mm,降水量减少了 40.69 mm；而流域潜在蒸散量的变化趋势表明，在整个研究时段内，研究区潜在蒸散量并没有明显的变化，天然时段年平均潜在蒸散量为 1005.08 mm，干扰时段的年平均潜在蒸散量为 1020.48 mm，其变化并不明显，ΔE_p 可忽略不计。

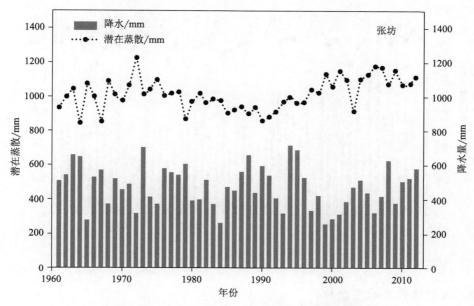

图 6-2　张坊流域 1961—2012 年潜在蒸散量和降水量

6.2.1.2　气候变化贡献率分析

张坊流域多年平均降水量 $P = 481.33$ mm，多年平均径流量 $Q = 72.64$ mm，依据长时间序列的流域水量平衡公式，可计算出该流域的实际蒸散量 ET $= 408.69$ mm。基于流域多年平均潜在蒸散量，将流域的这些值同时代入公式（1.15）—（1.19）中，可反推出流域 ω 相应的值，由此可以得出张坊流域 ω 的值约为 0.8。

根据公式分别计算张坊流域 1961—2012 年径流对降水和潜在蒸散的敏感性系数 β 和 γ 的值，分别为 0.50 和 -0.12。然后分离气候变化对径流的影响：50 mm 的降水减少引起了 25 mm 的径流减少。降水量和潜在蒸散量的综合影响导致了 26.82 mm 径流的减少。因此，考虑到实际径流减少量 65.67 mm，气候变化和人类活动对径流的减少的贡献率分别为 40.84% 和 59.16%。

6.2.2　微水流域气候变化贡献率的估算

6.2.2.1　降水量与潜在蒸散量的变化

基于微水流域内 17 个雨量站及 1 个国家级气象站的逐年降水量数据，得出该流域 1957—2008 年的逐年降水量数据，图 6-3 为流域降水量与潜在蒸散量的变化情况。可以看出，在整个时段，流域的年降水量有明显的减少趋势，其中，天然时段（1958—1977 年）年平均降水量为 607.20 mm，干扰时段（1978—2008 年）年平均降水量为 513.41 mm，降水量减少了 93.79 mm；流域潜在蒸散量的变化趋势表明，在整个研究时段内，研究区潜在蒸散量也呈减少的趋势，天然时段年平均潜在蒸散量为 1019.31 mm，干扰时段的年平均潜在蒸散量为 1004.82 mm，$\Delta E_p = 14.49$ mm。

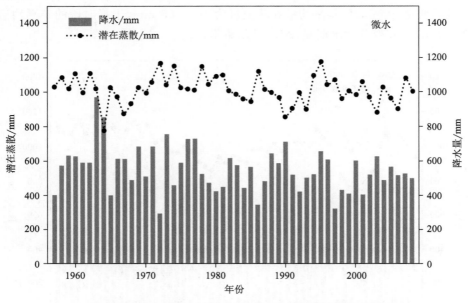

图 6-3　微水流域 1957—2008 年潜在蒸散量和降水量

6.2.2.2　气候变化贡献率分析

微水流域多年平均降水量 $P=530.87$ mm,多年平均径流 $Q=57.28$ mm,依据长时间序列的流域水量平衡公式,可计算出该流域的实际蒸散量 ET$=473.59$ mm。基于流域多年平均潜在蒸散量,将流域的这些值同时代入公式中,可反推出流域 ω 相应的值,由此可以得出微水流域 ω 的值约为 1.18。

根据公式分别计算微水流域 1957—2008 年径流对降水和潜在蒸散的敏感性系数 β 和 γ 的值,分别为 0.343 和 -0.107。然后分离气候变化对径流的影响:93.79 mm 的降水减少引起了 32.17 mm 的径流减少。降水量和潜在蒸散量的综合影响导致了 30.62 mm 径流的减少。因此,考虑到实际径流减少量 86.24 mm,气候变化和人类活动对径流的减少的贡献率分别为 35.50% 和 64.50%。

6.2.3　观台流域气候变化贡献率的估算

6.2.3.1　降水量与潜在蒸散量的变化

基于流域内 20 个雨量站及 2 个国家级气象站的逐年降水量数据,得出该流域 1957—2013 年的逐年降水量数据,图 6-4 为流域降水量与潜在蒸散量的变化情况。可以看出,在整个研究时段,流域的年降水量有明显的减少趋势,其中,天然时段(1957—1973 年)年平均降水量为 594.20 mm,干扰时段(1973—2013 年)年平均降水量为 529.85 mm,降水量减少了64.35 mm;而流域潜在蒸散量的变化趋势表明,在整个研究时段内,研究区潜在蒸散量有增大的趋势,天然时段年平均潜在蒸散量为 1030.18 mm,干扰时段的年平均潜在蒸散量为1046.60 mm,ΔE_p 约为 16.42 mm。

6.2.3.2　气候变化贡献率分析

观台流域多年平均降水量 $P=549.04$ mm,多年平均径流 $Q=44.40$ mm,依据长时间序

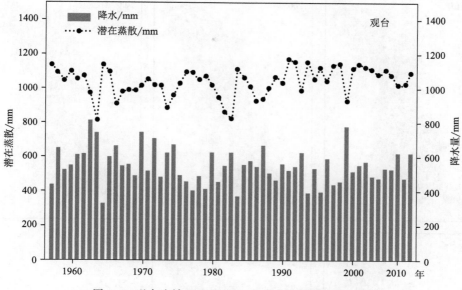

图 6-4　观台流域 1957—2013 年潜在蒸散量和降水量

列的流域水量平衡公式,可计算出各流域的实际蒸散量 ET=504.64 mm。基于流域多年平均潜在蒸散量,将流域的这些值同时代入公式中,可反推出流域 ω 相应的值,由此可以得出张坊流域 ω 的值约为 1.71。

根据公式分别计算观台流域 1957—2013 年径流对降水和潜在蒸散的敏感性系数 β 和 γ 的值,分别为 0.283 和 -0.091。然后分离气候变化对径流的影响:64.35 mm 的降水减少引起了 18.23 mm 的径流减少。降水量和潜在蒸散量的综合影响导致了 19.72 mm 径流的减少。因此,考虑到实际径流减少量 65.70 mm,气候变化和人类活动对径流的减少的贡献率分别为 30.02% 和 69.98%。

6.3　人类活动对流域径流的影响

6.3.1　土地利用/覆被变化

6.3.1.1　土地利用分布与结构分析

根据太行山区 1990 年、1995 年、2000 年、2005 年和 2010 年土地利用/土地覆被分类图(图 6-5),提取 11 种二级分类下的土地利用类型面积的变化信息(表 6-2),并生成土地利用元素转移矩阵(表 6-3、表 6-4、表 6-5、表 6-6),来分析各种土地利用类型之间的相互转化情况(转换的面积、强度、方向以及发生转换的空间位置)。

太行山区主要的土地利用类型为林地、耕地和草地 3 种类型,3 种类型面积覆盖了研究区的绝大部分,且这 3 种土地利用类型的覆盖率的总和可超过 90%。其中,耕地覆盖率可达 34.81%～38.76%,以旱地为主,水田面积很小,主要分布在太行山区四周以及南部的南运河水系;林地的覆盖率可达 27.77%～29.01%,有林地约占 15%,主要分布在太行山区的东北部和南部,灌林地约占 9.8%,主要分布在太行山区的中部和北部地区;草地的覆盖率可达 27.41%～

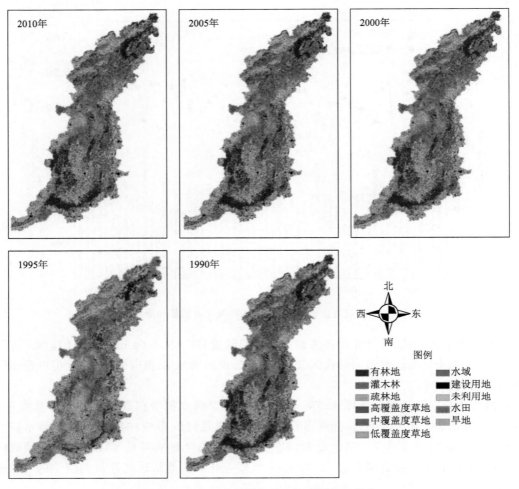

图 6-5　太行山区不同年份土地利用空间分布

表 6-2　太行山区不同年份土地利用结构变化

		1990		1995		2000		2005		2010	
		面积/km²	覆盖率/%	面积/km²	覆盖率/%	面积/km²	覆盖率%	面积/km²	覆盖率/%	面积/km²	覆盖率/%
林地	有林地	20227	15.00	9452	7.01	20072	14.89	20093	14.90	20095	14.90
	灌林地	13107	9.72	15484	11.48	13209	9.80	13210	9.80	13196	9.79
	其他林地	5475	4.06	12513	9.28	5841	4.33	5829	4.32	5862	4.35
草地	高覆盖度草地	16639	12.34	418	0.31	16690	12.38	16706	12.39	16825	12.48
	中覆盖度草地	11228	8.33	19496	14.46	11293	8.38	11262	8.35	11099	8.23
	低覆盖度草地	9088	6.74	23435	17.38	9039	6.70	9011	6.68	8992	6.67
水域	河渠	365	0.27	242	0.18	311	0.23	312	0.23	301	0.22
	湖泊	27	0.02	17	0.01	33	0.02	33	0.02	33	0.02
	水库	428	0.32	546	0.40	453	0.34	545	0.40	554	0.41
	滩地	1034	0.77	881	0.65	951	0.71	931	0.69	944	0.70
	城镇	713	0.53	929	0.69	1095	0.81	1322	0.98	1461	1.08

续表

| | | \multicolumn{2}{c}{1990} | \multicolumn{2}{c}{1995} | \multicolumn{2}{c}{2000} | \multicolumn{2}{c}{2005} | \multicolumn{2}{c}{2010} |
		面积/ km²	覆盖率/%	面积/ km²	覆盖率/%	面积/ km²	覆盖率%	面积/ km²	覆盖率/%	面积/ km²	覆盖率/%
建设用地	农村居民点	3696	2.74	3649	2.71	3883	2.88	3936	2.92	3940	2.92
	其他	378	0.28	482	0.36	499	0.37	671	0.50	862	0.64
耕地	水田	575	0.43	688	0.51	560	0.42	546	0.40	550	0.41
	旱地	51677	38.33	46260	34.31	50741	37.63	50255	37.27	49981	37.07

32.15%,高覆盖度草地约占 12.4%,广泛分布在太行山区,中覆盖度和低覆盖度的草地覆盖率接近,且两者主要分布在太行山区的北部和中部地区。

就 5 期土地利用类型的变化来看,1990 年、2000 年、2005 年和 2010 年 4 期的土地利用类型相差不大,但在 1995 年却出现了较大的变化,表明不同土地利用类型之间彼此的消长关系和动态特征在 2000 年以前十分突出,2000 年后则呈现相对稳定的状态。对比 1990 年、1995 年、2000 年和 2010 年 4 期数据:1995 年,研究区耕地覆盖率减少了 3.93%,林地增加了 1.01%,草地增加了 4.74%,其他 3 种土地利用类型变化不大;而在 2000 年 3 种土地利用类型的覆盖率又恢复到 1990 年的状况。从土地利用类型一级分类来看,其波动情况不是很明显,因此,需要进一步选取二级分类的土地类型变化来分析具体的变化情况,1995 年土地利用类型相对于 1990 年来说,有林地、高覆盖度草地和旱地都明显减少,分别减少了 7.99%、12.03%和 4.02%;而灌林地、其他林地、中覆盖度草地和低覆盖度草地的覆盖率则分别增加了 1.76%、5.22%、6.13%和 10.64%。这表明,有一定面积的有林地转为了灌林地和其他林地,其内部变化比林地覆盖率的减少要明显;同时,有一定面积的草地由高覆盖变为了中覆盖或低覆盖,其内部变化要比仅仅草地覆盖率增加率要剧烈得多。而 1995—2000 年,情况正好相反,有林地、高覆盖度草地和旱地都明显地增加,分别增加了 7.88%、12.07%和 3.32%;而灌林地、其他林地、中覆盖度草地和低覆盖度草地的覆盖率则分别减少了 1.68%、4.95%、6.08%和 10.68%,又基本恢复到了 1990 年的土地利用状态。

6.3.1.2　土地利用转移分析

研究区 1990—2010 年不同土地利用类型之间相互转化的数量见表 6-3、表 6-4、表 6-5、表 6-6。表中左侧为研究时段的期初年份,上方为研究时段的期末年份,右侧为期初各土地利用类型的总量和变化量,下方为期末各土地利用类型的总量和变化量,表格的中央为土地利用变化转移矩阵,对角线部分为土地利用类型未发生变化区域的面积,其他为变化的区域面积。

表 6-3　太行山区 1990—1995 年土地利用转移矩阵　　　　单位:km²

| 1990 年 | \multicolumn{6}{c}{1995 年} | 总和 | 净变化量 |
	耕地	林地	草地	水域	建设用地	未利用地		
耕地	38492.59	2224.03	9004.53	474.99	1675.08	62.05	51933.27	−5044.24
林地	1510.48	27542.73	9759.39	58.29	74.36	37.22	38982.47	−1420.7
草地	4860.98	7581.23	24159.47	195.59	168.77	183.4	37149.48	6177.3
水域	651.36	135.42	178.33	922.76	31.92	1.45	1921.24	−236.08

1990 年	1995 年						总和	净变化量
	耕地	林地	草地	水域	建设用地	未利用地		
建设用地	1354.23	73.98	208.05	23.34	3068.44	8.88	4736.92	283.49
未利用地	19.39	4.38	17.01	10.19	1.84	50.03	102.84	240.26
总和	46889.03	37561.77	43326.78	1685.16	5020.41	343.1	134826.22	

表 6-4　太行山区 1995—2000 年土地利用转移矩阵　　　　单位:km²

1995 年	2000 年						总和	净变化量
	耕地	林地	草地	水域	建设用地	未利用地		
耕地	38327.91	1728.85	4594.6	566.78	1649.18	16.88	46884.2	4631.29
林地	2258.24	27252.98	7827.71	122.61	95.16	4.26	37560.96	1350.36
草地	9080.21	9751.59	24102.21	142.46	236.68	13.57	43326.72	−6305.95
水域	460.09	61.72	171.25	945.36	36.22	9.88	1684.52	128.43
建设用地	1327.45	81.57	146.29	34.57	3428.66	1.85	5020.39	436.94
未利用地	61.59	34.61	178.71	1.17	11.43	55.54	343.05	241.05
总和	51515.49	38911.32	37020.77	1812.95	5457.33	102	134819.84	

表 6-5　太行山区 2000—2010 年土地利用转移矩阵　　　　单位:km²

2000 年	2010 年						总和	净变化量
	耕地	林地	草地	水域	建设用地	未利用地		
耕地	51757.93	57.76	77.74	152.75	566.65	0	52612.83	−782.34
林地	1.54	39249.29	7.92	13.45	48.63	0	39320.83	35.62
草地	5.81	37.45	37143.47	39.41	113.31	0	37339.45	−104.69
水域	63.82	11.32	3.18	1828.2	16.04	0	1922.56	115.99
建设用地	1.39	0.73	2.27	4.74	5581.37	0	5590.5	735.91
未利用地	0	0	0.18	0	0.41	104.7	105.29	0.59
总和	51830.49	39356.55	37234.76	2038.55	6326.41	104.7	136891.5	

表 6-6　太行山区 1990—2010 年土地利用转移矩阵　　　　单位:km²

1990 年	2010 年						总和	净变化量
	耕地	林地	草地	水域	建设用地	未利用地		
耕地	44934.85	1476.15	3857.29	509.88	2238.35	14.2	53030.72	−1203.25
林地	1231.99	34692.97	3290.88	57.41	94.79	4.37	39372.41	−34.68
草地	4140.26	3048.3	29835.98	160.86	269.62	12.01	37467.03	−251.7
水域	502.54	78.37	135.48	1288.28	31.06	1.04	2036.77	1.64
建设用地	1002.98	38.78	91.3	21.51	3690.79	1.05	4846.41	1479.97
未利用地	14.85	3.16	13.4	0.47	1.77	72.03	105.68	−1
总和	51827.47	39337.73	37224.33	2038.41	6326.38	104.7	136859.02	

　　1990—1995 年,耕地和林地的净减少量最为突出,其次是水域,其他的土地利用类型都是

增多的,其中草地面积增加了 6177.3 km²,建设用地和未利用地的增加量基本相当。耕地的减少,主要是转化为林地和草地,其净转化量分别为 713.55 km² 和 4143.55 km²;其次是转化为建设用地,净转化量约为 320.85 km²。林地的减少,主要是转化为草地,这个方向的净转化量为 2178.16 km²;而转为耕地的部分则被更多的耕地转化给抵消了,这种情况同样发生在水域和建设用地上面。1995—2000 年,土地类型中以草地的减少量最为突出,净减少量为 6305.95 km²,而其他土地类型都表现为增多的趋势。草地的减少,主要是转化为林地和耕地,其净转化量分别为 1923.88 km² 和 4485.61 km²。2000—2010 年,耕地和草地表现为减少的趋势,而其他的土地类型则表现为增多的趋势,但不管是增多或是减少,相比前两个时期的变化量要小很多。这期间耕地和草地的净减少量分别为 782.34 km² 和 104.69 km²,其他土地类型中,水域和建设用地的增量比较明显,分别为 115.99 km² 和 735.91 km²。从 1990—2010 年来看,耕地、林地和草地都表现为减少的趋势,净减少量分别为 1203.25 km²、34.68 km² 和 251.7 km²,而建设用地则表现为比较显著的增多,增量约为 1479.97 km²。

从二级土地利用类型来看,1990—2010 年,31% 的有林地转变成了其他用地,其中有 9% 转化成了灌木林和疏林地,12% 转化成了草地,9% 转化成了旱地;灌木林中有 25% 转化成了草地,转化为有林地和旱地的比例分别为 9% 和 8%;疏林地中有约 64% 转变成了其他用地,其中有 21% 转化成了草地,其次是 19% 转化成了旱地,转化为有林地和灌林地的比例分别为 14% 和 8%;3 种类型草地的自稳定性维持在了 50% 左右,除了内部的相互转化外,大部分转化为了耕地和林地,其转化比例分别为 18%～24% 和 16%～22%;耕地的自稳定性维持在 40%～72%,转移的土地主要变成了林地和草地。

6.3.1.3　不同海拔处土地利用类型的分布格局

研究区土地利用类型的空间分布具有比较显著的地理分异规律:林地和草地主要分布在海拔较高的山地、丘陵区域,多呈现为集中连片的特征;耕地主要分布在太行山区四周海拔 1500 m 以下的区域,空间上也比较连续,其中,水田主要分布在河流附近,在不同流域上游的河谷附近也有水田和旱地的分布;建设用地的斑块数量较多,广泛散布在耕地之间,在海拔较高区域的河流附近也有一定的分布。

太行山区的海拔为 17～3004 m,植被覆盖空间分异性较大,海拔高度呈现从东南向西北不断增高的状态,由于海拔对植被的选择性,土地利用类型相应地呈现不断变化的趋势。

由图 6-6 和图 6-7 可以看出:海拔低于 500 m 的区域,由旱地和水田共同构成的耕地占到了绝大多数土地面积,达到了 58.40%,主要分布在低海拔的河流中下游区域以及各个区(县)的人口密集区域。草地面积位居第二,占到了 21.71%,其次是林地和建设用地,分别占到了 8.41% 和 7.93%,由于建设用地与耕地的相依性,建设用地穿插分布在耕地之间。海拔介于 500～1000 m 的区域,耕地面积依然占据了大多数的土地面积,达到了 42.88%。草地和林地面积明显增多,分别占 26.91% 和 25.47%。海拔介于 1000～1500 m 的区域,林地和草地成为主导的土地类型,分别占 39.51% 和 31.95%。而耕地面积则迅速地减少到了 27.12%,相应地,建设用地也迅速减少到了 0.93%。在海拔高于 1500 m 的区域,林地成为主要的土地类型,占到了 57.66%;其次是草地,大约占 34.81%。耕地依然呈现迅速减少的趋势,只占 7.25%。

由此可以得出,太行山区的土地利用类型在海拔低于 1000 m 的地区,耕地为主导的土地利用类型,主要分布在太行山区四周。林地和草地虽然也占到了一定的比例,但它们主要分布

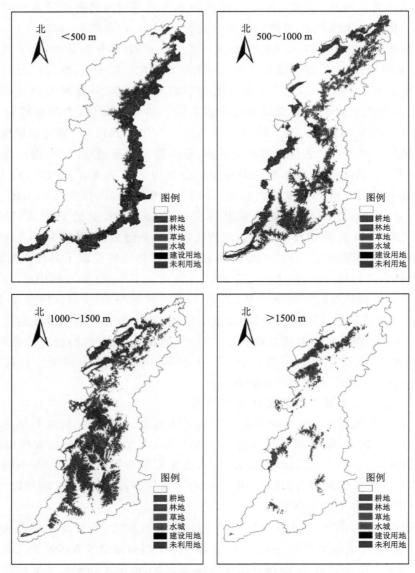

图 6-6 太行山区不同海拔范围土地利用类型空间分布

在海拔较高的地区,并且基本由耕地包围着。在海拔高于 1000 m 的地区,主要为山区,林地和草地成为主要的土地利用类型。耕地仅在低于 1300 m 的地区有连续分布,而在高于 1300 m 的地区,则只有零星分布。

6.3.2 未来土地利用/覆被情景确定及流域水文效应模拟分析

6.3.2.1 土地利用情景建立

考虑到土地覆被变化对水循环的影响相对较明显,在短期内能够体现其变化趋势,因而通过改变 SWAT 模型中土地覆被因子来定量分析土地覆被变化对地表径流和蒸散量的影响,以研究土地利用/覆被变化对水循环的影响机制,为太行山区土地利用/覆被优化模式的建立提供理论依据。

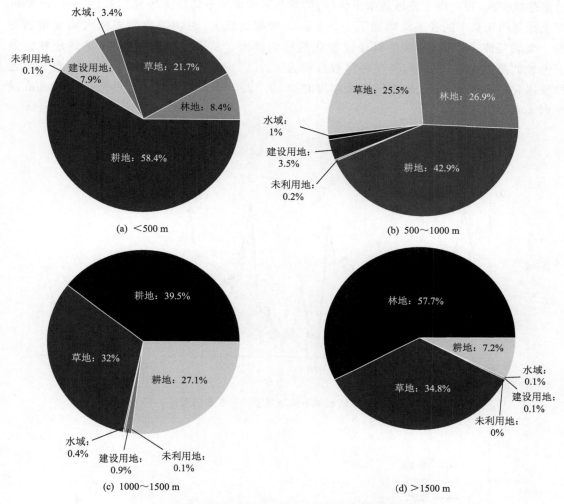

(a) ＜500 m

(b) 500～1000 m

(c) 1000～1500 m

(d) ＞1500 m

图 6-7　太行山区不同海拔范围各土地利用类型的比例

本节对张坊流域、微水流域和观台流域分别建立了两种土地利用/覆被情景：

情景 1（S1）：退耕还林情景。基于当地政策的发展，根据 2011 年 3 月 1 日起开始实施的《中华人民共和国水土保持法》的规定，坡度 25°以上禁止种植农作物，5°～25°的荒坡地也不宜种植农作物，勉强种植农作物的，应当采取适当的水土保持措施。因此，将流域 5°以上的耕地全部转化为有林地，其余土地利用类型保持 1990 年的情景不变。

情景 2（S2）：＞15°的坡地转为裸地。为了了解土地利用/覆被变化在极端情况下对径流的影响，从理论上将流域内坡度大于 15°的坡地转化为裸地，其余土地利用类型保持 1990 年的情景不变，来分析下其地表径流和蒸散量的变化。

6.3.2.2　情景模拟结果分析

（1）张坊流域径流和蒸散量的变化

由图 6-8 和图 6-9 可知，与 1990 年的土地利用/覆被情景的径流量结果相比，未来情景 1 下的多年平均径流量是减少的，其多年平均径流深为 83.66 mm，约减少了 8.87 mm，减少幅度较小，原因是张坊流域 5°以上的耕地面积偏少，但这在一定程度上也说明流域退耕还林后径流量是减少的,将有助于流域的水土保持;情景 2 下的多年平均径流深为 112.19 mm,比 1990 年土地利用情景下的径流深增加了 19.66 mm,增幅比较大,说明裸地面积的大幅度增加有助于流域径流的产生,且裸地对径流变化的影响较大。从蒸发量变化来看,退耕还林情景下流域的蒸散量是增加的,其年均蒸散量约为 432.31 mm,约增加了 11.72 mm;而在土地严重退化的情景下,流域的蒸散量大幅度减少,从 1990 年土地利用情境下的 420.59 mm 减少到 400.26 mm。

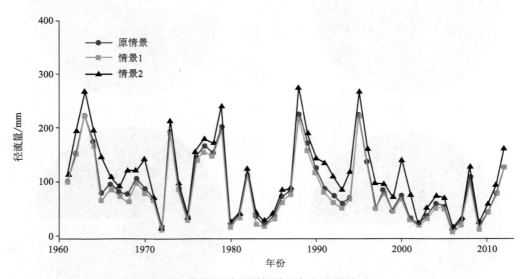

图 6-8　张坊流域不同情景下年径流量的对比

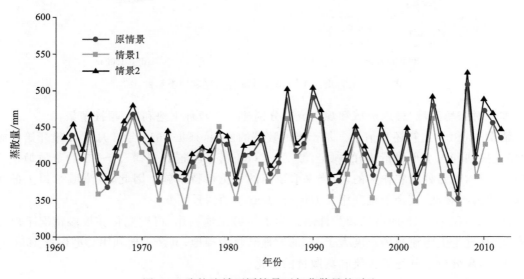

图 6-9　张坊流域不同情景下年蒸散量的对比

(2)微水流域径流和蒸散量的变化

与 1990 年的土地利用/覆被情景的径流量结果相比,微水流域未来情景 1 下的退耕还林的面积约为 405.84 km²,模拟结果显示其多年平均径流量是减少的,其多年平均径流深为

69.11 mm,约减少了 25.23 mm,减少幅度较大,这在一定程度上也说明流域退耕还林后径流量是减少的,将有助于流域的水土保持;情景 2 下微水流域裸地净增量为 862.16 km²,模拟的多年平均径流深为 116.98 mm,比 1990 年土地利用情景下的径流深增加了 22.64 mm,增幅比较大,说明裸地面积的大幅度增加有助于流域径流的产生,且裸地对径流变化的影响较大。从蒸散量变化来看,退耕还林情景下流域的蒸散量是增加的,其年均蒸散量约为 425.55 mm,约增加了 10.18 mm;而在土地严重退化的情景下,流域的蒸散量大幅度减少,从 1990 年土地利用情景下的 405.37 mm 减少到 385.71 mm(图 6-10、图 6-11)。

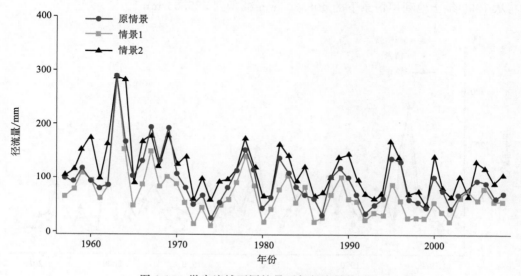

图 6-10 微水流域不同情景下年径流量的对比

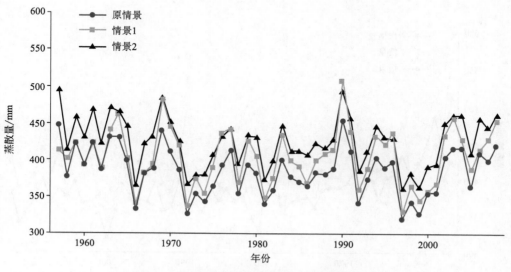

图 6-11 微水流域不同情景下年蒸散量的对比

(3)观台流域径流和蒸散量的变化

由图 6-12 和图 6-13 可知,与 1990 年的土地利用/覆被情景的径流量结果相比,观台流域未来情景 1 下的退耕还林的面积约为 1327.41km²,模拟结果显示其多年平均径流量是减少的,模拟的多年平均径流深为 64.61 mm,约减少了 9.29 mm,这也在一定程度上也说明流域退耕还林后径流量是减少的,将有助于流域的水土保持;情景 2 下观台流域裸地净增量为 2450.95 km²,模拟的多年平均径流深为 93.56 mm,比 1990 年土地利用情景下的径流深增加了 19.66 mm,增幅比较大,说明裸地面积的大幅度增加有助于流域径流的产生,且裸地对径流变化的影响较大。从蒸散量变化来看,退耕还林情景下流域的蒸散量是增加的,其年均蒸散量约为 444.56 mm,约增加了 36.26 mm;而在土地严重退化的情景下,流域的蒸散量大幅度减少,从 1990 年土地利用情景下的 408.30 mm 减少到 385.63 mm。

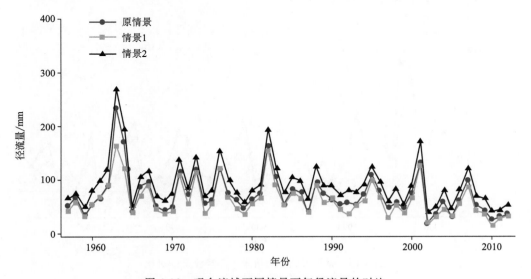

图 6-12　观台流域不同情景下年径流量的对比

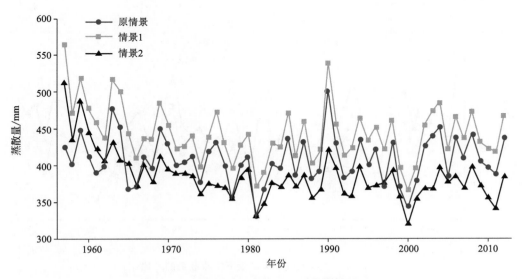

图 6-13　观台流域不同情景下年蒸散量的对比

总体来看,3 个流域在两种情景下径流和蒸散量的变化趋势是相似的,在 5°以上的所有耕地还林均会减少径流量,径流显著的减小表明能更有效地涵养水源,然而蒸散量却是增大的,这也反映了退耕还林会增加水分消耗,因此,为了更好地利用水资源,需要在今后退耕工作的统筹规划中权衡和把握退耕还林比例。在土地严重退化的情景下,3 个流域的径流量是显著增加的,这说明裸地的保水持水能力较低,这种土地类型的大面积扩张会很大程度上加剧水土流失的程度;另一方面,模拟的蒸散量的减少是因为裸地蒸发消耗的基本都是表层的土壤水分,而大部分的降水量都形成了下渗水流和径流。

6.3.3　农业政策与水利工程建设的影响

水利工程建设、各类农业措施也会影响流域的水资源量。流域径流突变的年份基本与国家农村土地改革时间接近。20 世纪 80 年代早期是中国土地改革开始的时期,这激发了农民的积极性,通过大量的农业活动增加了农业产量,然而,耕地面积和水的生产效率基本不变,这样增加的农业产量就导致了农业用水量的增加(Hu et al.,2012)。这也可以解释流域径流在1980 年前后开始减少的原因。这种情况同样发生在张坊流域、微水流域和观台流域,因此,农业的发展也是太行山区径流减少的一个重要因素。

20 世纪 70 年代,观台流域内陆续建立了许多水利工程,水利工程的建设破坏了水循环的天然路径,使得水量经蒸发和渗漏后大量流失,导致径流量减少。同时,水库能够调蓄河水径流量,从而造成洪峰流量的降低。

6.4　气候变化对径流的影响

气温和降水是与径流相关的两个主要的气候因子,为了进一步了解它们之间的关系,本节运用相关分析和线性回归分析等统计方法来探讨 1957—2013 年 3 个流域径流与气候变化的关系。

张坊流域径流与降水基本呈正相关关系,而与气温则呈负相关关系,其中与降水的相关系数最高出现在 8 月。为进一步分析单位降水和气温变化对径流变化的影响,对各月的径流与气温和降水建立二元一次线性回归方程,得出 8 月单位降水和气温的变化都引起了最大的径流变化量。然后根据各月气温和降水年际变化的线性关系,得到研究时段内各月气温和降水的变化量,并由二元一次线性回归系数分别与气温和降水的变化量相乘获得由气温和降水变化引起的各月径流年际变化幅度。可以看出,气温升高和降水变化共同影响 8 月径流,其中降水量减少是 8 月径流年际变化的控制因素;气温变化是其余月份径流年际变化的关键影响因子(图 6-14)。因此,8 月降水变化对径流年际变化的贡献远大于气温升高对径流的贡献,而其他月份气温升高对径流年际变化的影响略大于降水变化对径流的影响(图 6-15)。

微水流域径流与降水基本呈正相关关系,而与气温则呈负相关关系。对各月的径流与气温和降水建立二元一次线性回归方程,得出 8 月单位降水的变化都引起了最大的径流变化量,单位气温的变化则在 9 月引起的径流变化量最大。从实际的气温和降水变化引起的各月径流年际变化幅度可以看出,降水量减少是 8 月径流年际变化的控制因素;气温变化是其余月份径流年际变化的关键影响因子(图 6-16)。因此,8 月降水变化对径流年际变化的贡献远大于气温升高对径流的贡献,而其他月份气温升高对径流年际变化的影响则大于降水变化对径流的影响(图 6-17)。

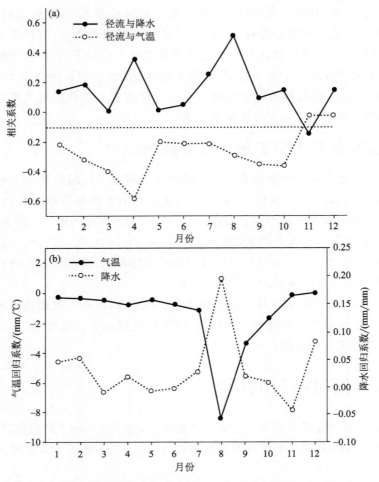

图 6-14　1961—2012 年张坊流域逐月径流与气温和降水的相关系数（a）、二元线性回归系数（b）

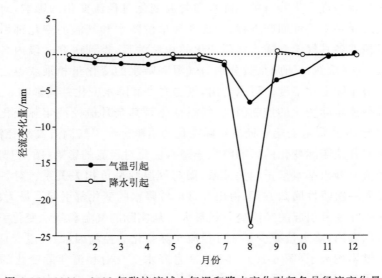

图 6-15　1961—2012 年张坊流域由气温和降水变化引起各月径流变化量

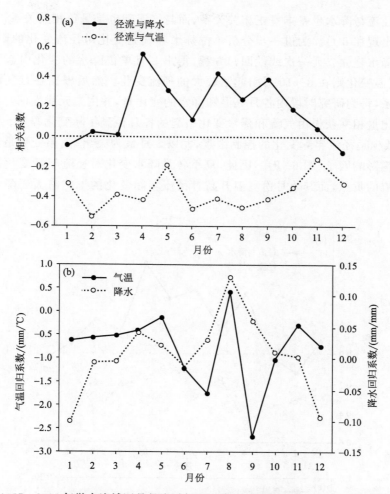

图 6-16　1957—2012 年微水流域逐月径流对气温和降水的相关系数(a)、二元线性回归系数(b)

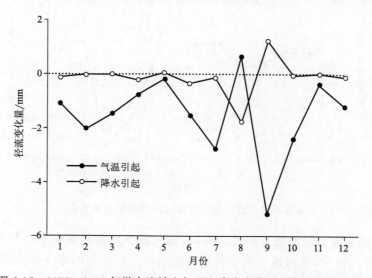

图 6-17　1957—2012 年微水流域由气温和降水变化引起各月径流变化量

　　观台流域径流与降水也基本呈正相关关系,而与气温则也是呈负相关关系,其中与降水的相关系数最高出现在 8 月。为进一步分析单位降水和气温变化对径流变化的影响,对各月的径流与气温和降水建立二元一次线性回归方程,得出 8 月单位降水的变化引起了最大的径流变化量,单位气温变化则在 8—10 月引起了较大的径流变化。然后根据各月气温和降水年际变化的线性关系,得到研究时段内各月气温和降水的变化量,并由二元线性回归系数分别与气温和降水的变化量相乘获得由气温和降水变化引起的各月径流年际变化幅度。可以看出,6—8 月降水量的减少是径流年际变化的控制因素,尤以 8 月最为突出;气温变化是其余月份径流年际变化的关键影响因子(图 6-18)。因此,夏季各月降水变化对径流年际变化的贡献远大于气温升高对径流的贡献,而其他月份气温升高对径流年际变化的影响略大于降水变化对径流的影响(图 6-19)。

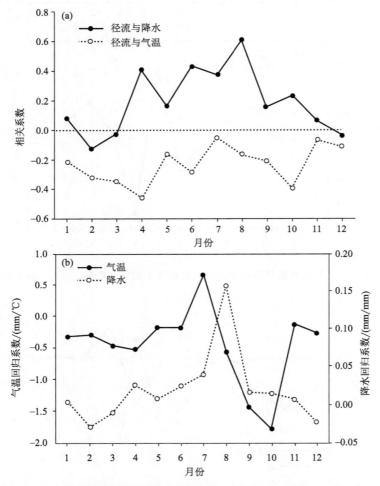

图 6-18　1957—2012 年观台流域逐月径流对气温和降水的相关系数(a)、二元线性回归系数(b)

　　3 个流域径流与降水量均呈正相关关系,而与气温则呈负相关关系。气温升高会增加蒸散量,加上降水量的减少,使得流域的径流量不断减少。从径流的季变化来看,夏季各月降水变化对径流年际变化的贡献远大于气温升高对径流的贡献,而其他月份气温升高对径流年际变化的影响略大于降水变化对径流的影响。

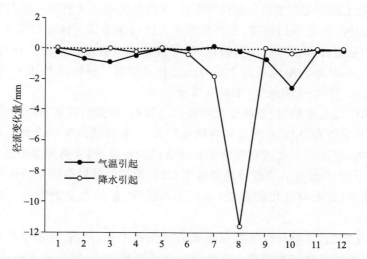

图 6-19　1957—2012 年观台流域由气温和降水变化引起各月径流变化幅度

6.5　小结

在本章中,径流减少的原因通过 SWAT 模型法和弹性系数法分析,结果如下。

(1)SWAT 模型模拟结果显示:张坊流域气候变化和人类活动分别占年径流量减少量的 43.60%(28.63 mm/65.57 mm)和 56.40%。微水流域气候变化对径流减少的贡献率约为 36.61%(31.57 mm/86.24 mm),人类活动的贡献率则为 63.39%。观台流域气候变化引起了 18.82 mm 径流的减少,约占总减少量的 28.65%,而剩余的 71.35% 的径流减少量则主要是由人类活动引起的。

对气候变化和人类活动在月径流减少上的贡献率进行分析得出,月贡献率与年贡献率的结论基本一致,3 个流域气候变化贡献率在 8 月份最高。

(2)气候弹性系数法估算结果表明:张坊流域气候变化和人类活动对径流减少的贡献率分别为 40.84% 和 59.16%;微水流域气候变化和人类活动对径流减少的贡献率分别为 35.50% 和 64.50%;观台流域气候变化和人类活动对径流减少的贡献率分别为 30.02% 和 69.98%。

(3)SWAT 模型和弹性系数法分析的结果一致,3 个流域气候变化的贡献率都低于人类活动的贡献率,说明人类活动是太行山区径流减少的主要影响因子;而且 3 个流域人类活动的贡献率从北向南呈现增大的趋势,表明人类活动的影响程度从北向南是不断增强的。这表明以上的结果具有较高的可信度和说服力。

基于以上结论,分别对人类活动和气候变化对径流的驱动因子进行了分析。

※在人类活动方面,对土地利用/覆被变化、农业政策实施和水利设施进行分析。

(1)太行山区主要的土地利用类型为林地、耕地和草地 3 种类型,3 种类型面积覆盖了研究区的绝大部分,且这 3 种土地利用类型的覆盖率的总和可超过 90%。就 5 期土地利用类型的变化来看,1990 年、2000 年、2005 年和 2010 年 4 期的土地利用类型相差不大,但在 1995 年却出现了较大的变化,表明不同土地利用类型之间彼此的消长关系和动态特征在 2000 年以前十分突出,2000 年后则呈现相对稳定的状态。

从不同海拔处土地利用类型的分布格局来看,太行山区的土地利用类型在海拔低于 1000 m 的地区,耕地为主导的土地利用类型,主要分布在太行山区四周。林地和草地虽然也占到了一定的比例,但它们主要分布在海拔较高的地区,并且基本由耕地包围着。在海拔高于 1000 m 的地区,主要为山区,林地和草地成为主要的土地利用类型。耕地仅在低于 1300 m 的地区有连续分布,而在高于 1300 m 的地区,则只有零星分布。

(2)为了深刻体现土地利用/覆被变化对径流的影响,对张坊流域、微水流域和观台流域分别建立了退耕还林情景和>15°的坡地转为裸地情景:3 个流域在两种情景下径流和蒸散量的变化趋势是相似的,在 5°以上的所有耕地还林均会减少径流量,而蒸散量却是增大的。在土地严重退化的情景下,3 个流域的径流量是显著增加的,模拟的蒸散量则是减少的。

(3)除了土地利用/覆被变化的影响,水利工程建设、各类农业措施也会影响流域的水资源量。

※在气候变化方面,主要分析气温和降水与径流的关系。3 个流域径流与降水量均呈正相关关系,而与气温则呈负相关关系。气温升高会增加蒸散量,加上降水量的减少,使得流域的径流量不断减少。从径流的季变化来看,夏季各月降水变化对径流年际变化的贡献远大于气温升高对径流的贡献,而其他月份气温升高对径流年际变化的影响略大于降水量变化对径流的影响。

第7章 未来气候变化趋势及其对太行山区典型流域径流量的影响

7.1 基于 CMIP5 多模式估算的未来气候变化趋势

气候预估是研究水循环对未来气候变化响应的关键。未来气候变化预估依赖于全球气候模式（GCMs）模拟结果,本章选择 CMIP5 中 15 个气候模式模拟的气温和降水数据,通过对比分析 1957—2012 年各气候模式模拟值与太行山区 17 个国家级气象站的平均观测值,评价各气候模式在太行山地区的模拟能力,并在此基础上,对该区域 21 世纪气候变化趋势进行分析。

7.1.1 气候模式评价

(1)气温

通过相关系数、偏差和均方根误差来判断 15 个气候模式对太行山区气温的模拟效果。从表 7-1 中可以看出,各模式多年平均气温的模拟结果与观测的多年平均气温的相关系数均在 0.97 以上,且模拟的均方根误差和偏差都较小,这说明各模式均可较好地模拟太行山区的气温(表 7-1);与 1957—2012 年太行山区 17 个气象站月平均气温观测值相比,15 个气候模式在研究区的模拟结果有的偏高,有的偏低,但各气候模式模拟的气温年内分布格局与观测值非常一致(图 7-1)。

表 7-1　1957—2012 年太行山区年平均气温观测值与模式模拟值的比较

	相关系数(R)	偏差(Bias)	均方根误差(RMSE)
BCC-CSM1.1	0.98	−0.17	2.54
BNU-ESM	0.97	−0.05	2.63
CanESM2	0.98	0.04	2.25
CSIRO-Mk3.6.0	0.99	0.16	2.77
IPSL-CM5A-LR	0.98	−0.10	2.46
FGOALS-g2	0.98	−0.21	3.00
MIROC-ESM-CHEM	0.98	0.18	2.68
HadGEM2-ES	0.99	0.11	2.44
MPI-ESM-LR	0.98	0.31	3.31
MRI-CGCM3	0.98	0.18	3.09
GISS-E2-H	0.98	0.08	2.52
GISS-E2-R	0.98	0.10	2.57
CCSM4	0.98	0.08	2.23
NorESM1-M	0.99	0.02	1.93
GFDL-CM3	0.98	−0.25	3.18
平均	0.99	0.03	1.46

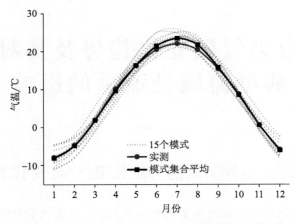

图 7-1 1957—2012 年太行山区月平均气温观测值与模式模拟值的年内分布

将各个模式模拟的偏差、均方根误差和相关系数与多模式集合平均模拟结果进行对比,发现多模式集合平均的气温偏差、均方根误差和相关系数均小于单个模式,这说明多模式集合平均的模拟效果优于单个模式。

(2)降水

同样地,通过相关系数、偏差和均方根误差来判断 15 个气候模式对太行山区降水的模拟效果。各气候模式年降水量的模拟结果与观测值的相关系数为 0.51~0.74,均方根误差和偏差的值有高有低,这说明各个模式均可较好地模拟太行山区的降水(表 7-2);与 1957—2012 年太行山区 17 个气象站月平均降水量观测值相比,15 个气候模式对研究区域的模拟结果有的偏高,有的偏低,但各气候模式模拟的降水在年内分布上与观测值较为一致(图 7-2)。

表 7-2 1957—2012 年太行山区年降水量观测值与模式模拟值的比较

	相关系数(R)	偏差(Bias)	均方根误差(RMSE)
BCC-CSM1.1	0.62	0.63	55.16
BNU-ESM	0.69	1.14	69.37
CanESM2	0.56	0.77	63.50
CSIRO-Mk3.6.0	0.70	0.25	48.93
IPSL-CM5A-LR	0.68	0.30	44.27
FGOALS-g2	0.68	0.40	44.99
MIROC-ESM-CHEM	0.51	0.69	65.88
HadGEM2-ES	0.70	0.24	43.28
MPI-ESM-LR	0.59	0.67	62.87
MRI-CGCM3	0.64	0.33	41.40
GISS-E2-H	0.57	0.12	46.82
GISS-E2-R	0.51	0.02	45.17
CCSM4	0.74	0.73	61.14
NorESM1-M	0.70	1.04	72.07
GFDL-CM3	0.55	0.32	48.02
平均值	0.81	0.46	35.91

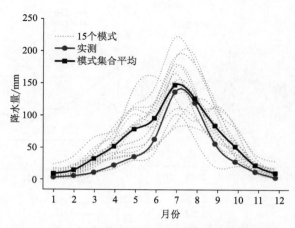

图 7-2　1957—2012 年太行山区月降水量观测值与模式模拟值的年内分布

将各个模式模拟的降水量偏差、均方根误差和相关系数与多模式集合平均结果进行对比，发现多模式集合平均的偏差、均方根误差和相关系数均小于单个模式，这说明多模式集合平均的模拟效果优于单个模式。

7.1.2　未来气候变化趋势

基于 CMIP5 中 15 个气候模式预估数据的平均对高（RCP8.5）、中（RCP4.5）和低（RCP2.6）3 种排放路径下 21 世纪太行山区气温与降水变化趋势进行分析。并在此基础上分析 3 种排放路径下 21 世纪不同时期太行山区气候的变化趋势（相对于 1986—2005 年的气温和降水的平均值）。此处，基准时段定为 1986—2005 年，4 个对比时段分别为 2006—2025 年、2026—2045 年、2056—2075 年和 2076—2099 年。

（1）气温变化趋势

21 世纪太行山区年平均气温在 3 种排放路径下的变化趋势和突变情况见图 7-3：相比基准时段，3 种排放路径下的气温都是升高的。在低排放路径（RCP2.6）下，年平均气温最高值出现在 2050 年前后，之后气温呈略微下降趋势，从突变检验也可以看出，气温在 2025 年以后有一个显著升高的趋势，并从 2032 年开始达到 0.05 的显著水平检验，直到 2055 年以后气温开始转为下降；在中排放路径（RCP4.5）下，年平均气温不断升高，其突变发生在 2045 年前后，从显著水平检验看，气温从 2031 年开始就达到了 0.05 的显著水平检验；在高排放路径（RCP8.5）下，年平均气温呈持续稳定的上升趋势，并在 2055 年前后发生突变，从显著水平检验看，气温从 2027 年开始就达到了 0.05 的显著水平检验。

由表 7-3 知，在低排放路径下（RCP2.6），21 世纪年平均气温增长率为 0.08 ℃/（10 a）。2006—2025 年和 2026—2045 年两个时段的年平均气温增长率分别为 0.30 ℃/（10 a）和 0.30 ℃/（10 a），而 2056 年以后的年平均气温的增速迅速降低并逐渐转为负值。在中排放路径下（RCP4.5），21 世纪年平均气温增长率为 0.21 ℃/（10 a）。其中，2006—2025 年年平均气温增长率为 0.32 ℃/（10 a），2026—2045 年年平均气温增长率最高，约为 0.36 ℃/（10 a），之后，气温增长率迅速降低为 2056—2075 年的 0.15 ℃/（10 a），而到 2076—2099 年的增长率仅为 0.05 ℃/（10 a），说明气温开始趋于稳定。21 世纪太行山区年平均气温在高排放路径下（RCP8.5）呈稳定升高趋势，多模式平均气温增长率为 0.52 ℃/（10 a）。其中，2006—2025 年

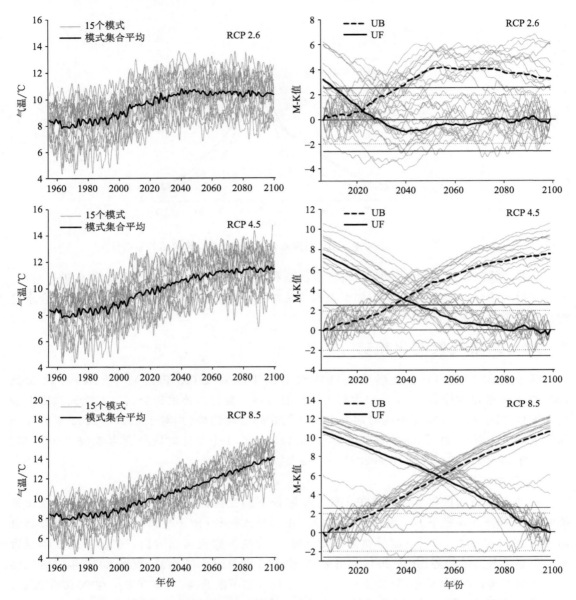

图 7-3 1957—2099 年太行山区各气候模式预估的不同排放路径下年平均气温的变化趋势及突变检验

表 7-3 不同排放路径下各时段多模式平均年气温的变化趋势   单位：℃/(10 a)

	2006—2025 年	2026—2045 年	2056—2075 年	2076—2099 年	2006—2099 年
RCP2.6	0.30	0.30	0.07	−0.04	0.08
RCP4.5	0.32	0.36	0.15	0.04	0.21
RCP8.5	0.45	0.53	0.57	0.56	0.52

年平均气温增长率为 0.46 ℃/(10 a)，2026—2045 年年平均气温增长率为 0.55 ℃/(10 a)，2056—2075 年年平均气温增长率最高，约为 0.59 ℃/(10 a)，后面年份的增长率又降低为 0.55 ℃/(10 a)，但总体的增长率是相对稳定的。

由此可以得出，从低排放路径到高排放路径，太行山区的年平均气温的增长率是明显增大的;在 2045 年前,3 种排放路径下的年平均气温增长率较高,之后低排放路径下的年平均气温呈微弱下降趋势;中排放路径下的年平均气温增长率越来越小,气温趋于稳定;而高排放路径下则一直处于较高上升的趋势。

由图 7-4 可以看出,太行山区 21 世纪季平均气温在不同排放路径下变化趋势差异明显。就多模式平均值而言,在低排放路径(RCP2.6)、中排放路径(RCP4.5)和高排放路径(RCP8.5)下,太行山区 21 世纪(2006—2099 年)各季平均气温均呈上升趋势,且高排放路径下的上升速度明显高于其他两种路径。在 RCP2.6 排放路径下,春、夏、秋、冬四季的季平均气温在 2056 年以前呈显著上升的趋势,而 2076 年后均呈下降趋势。其中,夏、秋季气温在 2006—2025 年的增长率最高,而其他季的气温在 2026—2045 年增长率最高。在 RCP4.5 排放路径下,除 2076—2099 年春、夏季的气温略微呈下降的趋势,其他时段的季平均气温都是上升的。其中,春季气温在 2006—2025 年的增长率最高,而其余各季气温于 2025—2045 年增长率最高。在 RCP8.5 排放路径下,各季气温在 21 世纪均呈显著上升趋势。总的来看,低、中排放路径下呈增长趋势的各季气温增长率都较 RCP8.5 排放路径低。

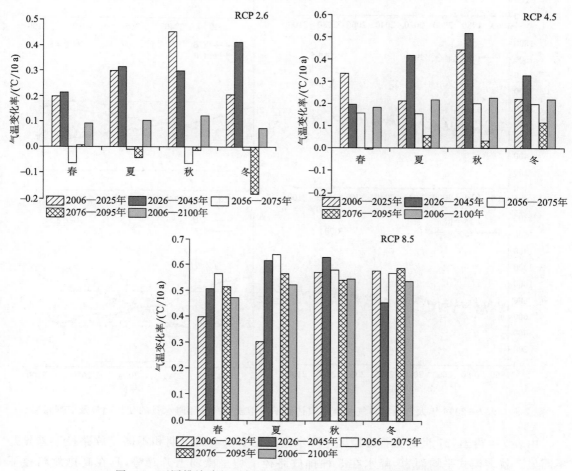

图 7-4 不同排放路径下各时段多模式平均季平均气温的变化趋势

(2)降水变化趋势

21 世纪太行山区年降水在中、低排放路径下的变化趋势差异不明显,在高排放路径下增加比较明显。21 世纪年降水量整体呈微弱上升趋势,且在高排放路径(RCP8.5)下的增长趋势较中(RCP4.5)、低(RCP2.6)排放路径下明显(图 7-5)。对太行山区 2006—2099 年年降水量进行突变检测(图 7-5),在高排放路径(RCP8.5)下,年降水在 2050 年前后发生突变,且降水增加趋势从 2066 年就通过了 0.05 的显著水平检验;在中排放路径(RCP4.5)下和低排放路径(RCP2.6)下,不同模式年降水量的突变点不尽相同,但多模式降水平均的突变年份分别发生在 2035 年左右和 2025 年左右。

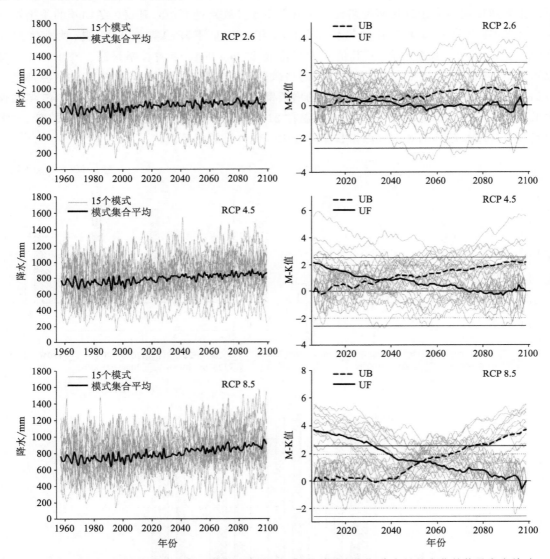

图 7-5 1957—2099 年太行山区各气候模式预估的不同排放路径下年降水量的变化趋势及突变检验

由表 7-4 得出,21 世纪太行山地区年降水量变化率在不同时期和不同排放路径下差异并不明显。就多模式平均而言,降水在 3 种排放路径下均呈微弱上升趋势,且在高排放路径下(RCP8.5)年降水增长率最高,为 16.41 mm/(10 a),在中排放路径下(RCP4.5)降水增长率次之,为 8.36 mm/(10 a),而在低排放路径下(RCP2.6)降水增长率最低,仅为 3.20 mm/(10 a)。在低排放路径下(RCP2.6),2006—2025 年降水增长率为 8.48 mm/(10 a),2026—2045 年降水增长率迅速减少为 1.85 mm/(10 a),而 2056 年以后的年降水量转为减少的趋势。在中排放路径下(RCP4.5),2006—2025 年降水量增长率为 10.86 mm/(10 a),2026—2045 年增长率最高,约为 13.30 mm/(10 a),之后,年降水量增长率在 2056—2075 年迅速减小,而在 2076—2095 年又恢复到 13.68 mm/(10 a)。21 世纪太行山区年降水量在高排放路径下(RCP8.5)的增长率一直为正值,最高出现在 2026—2045 年,约为 28.38 mm/(10 a),在之后的两个阶段其增长率波动不大,仍然维持在一个较高的水平。

表 7-4　不同排放路径下各时段多模式平均年降水量的变化趋势　单位:mm/(10 a)

	2006—2025 年	2026—2045 年	2056—2075 年	2076—2095 年	2006—2099 年
RCP2.6	8.48	1.85	−10.25	−1.74	3.20
RCP4.5	10.86	13.30	2.82	13.68	8.36
RCP8.5	9.32	28.38	27.80	22.56	16.41

总体而言,3 种排放路径下太行山区的年降水量整体呈微弱上升的趋势,高排放路径下的年降水增长率较其他两个路径的增长率要大一些,但 3 个路径下得出的年降水量的增长率都比较微弱。

由图 7-6 看出,太行山区 21 世纪季降水量在不同排放路径下变化趋势差异明显。就多模式平均值而言,在低排放路径(RCP2.6)、中排放路径(RCP4.5)和高排放路径(RCP8.5)下太

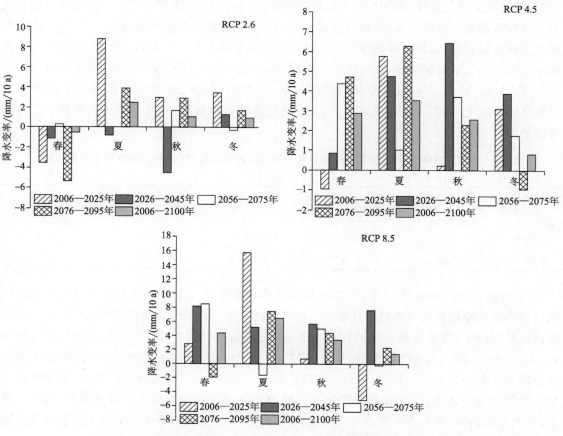

图 7-6　不同排放路径下各时段多模式平均季降水量的变化趋势

行山区 21 世纪(2006—2099 年)各季降水均呈增多趋势。在 RCP2.6 排放路径下,春季降水在 2056—2075 年呈微弱增多的趋势,而在其他时段则呈减少的趋势;夏季降水只在 2056—2075 年呈微弱减少的趋势,在 2006—2025 年增长率最高,约为 5.69 mm/(10 a);秋季降水在 2026—2045 年呈减少的趋势,其他时段则呈增多的趋势;冬季降水则只是在 2056—2075 年有微弱减少的趋势,其他时段则是增多的。在 RCP4.5 排放路径下,2056—2075 年春季降水呈微弱减少的趋势,除此之外,四季各时段降水都呈不同程度的增多,但整体的增长率并不高,普遍低于 8 mm/(10 a);在 RCP8.5 排放路径下,春季降水在 2076—2099 年和冬季降水在 2006—2025 年呈减少的趋势,但减少率不大,各季其他时段的降水呈增多的趋势,其中,秋季降水在 2056—2075 年的增长率最高,约为 14.51 mm/(10 a)。总的来看,3 个排放路径下,四季降水在不同时段的变化率增减不一,高排放路径下各季降水增长率较其他两个排放路径下的增长率要高,但整体的增长率并不明显。

7.1.3 未来气候相对基准年份的变化情况

(1)未来气温变化相对基准年份的变化情况

表 7-5 显示了 21 世纪太行山地区年均气温在不同时期和不同排放路径下相对于 1986—2005 年年均气温的变化情况。就多模式平均而言,21 世纪年均气温在 3 种排放路径下均呈升高趋势,且在高排放路径下(RCP8.5)年平均气温升高最多,约为 2.99 ℃,在中排放路径(RCP4.5)和低排放路径(RCP2.6)下的增加值接近,分别为 0.83 ℃ 和 0.41 ℃,说明气温变化对高排放路径更加敏感。在中、低排放路径下,2006—2025 年气温略微降低 0.11 ℃,2026 年后气温转为微弱增加,低排放路径下 3 个时段的气温升高了 0.5 ℃ 左右,中排放路径下气温升高了 1 ℃ 左右。在高排放路径下,四个时段的气温相比 1986—2005 年气温分别升高了 1.09 ℃、2.04 ℃、3.64 ℃ 和 4.73 ℃,随着年份的推移,升高的幅度也是不断增大的。这说明相比 1986—2005 年的气温,3 种排放路径下 21 世纪气温均是升高的,并且在高排放路径下升高的幅度最大。

表 7-5　不同排放路径下 21 世纪太行山区年平均气温的变化量(与 1986—2005 年平均值相比)

单位:℃

排放路径	2006—2025 年	2026—2045 年	2056—2075 年	2076—2095 年	2006—2099 年
RCP2.6	−0.11	0.47	0.59	0.52	0.41
RCP4.5	−0.12	0.52	1.25	1.42	0.83
RCP8.5	1.09	2.04	3.64	4.73	2.99

与 1986—2005 年相比,2006—2099 年各气候模式平均在不同排放路径下预估的太行山地区四季的气温也有不同程度的升高(中、低排放路径下的夏季气温是降低的)。图 7-7 显示,在高排放路径下,四季气温不同时段的增长率接近,其中,2076—2095 年气温的升高幅度最大,为 4.10～5.12 ℃,然后依次是 2056—2075 年、2026—2045 年和 2006—2025 年,其上升幅度分别为 3.11～3.99 ℃、1.72～2.24 ℃ 和 0.83～1.26 ℃;在中、低排放路径下,夏季气温在整个时段都是下降的,且低排放路径下不同时段的气温下降幅度高于中排放路径;另外三季中,冬季升温最大,春季升温最小,且春、秋、冬 3 季中,中排放路径下不同时段的升温幅度要高于低排放路径下的升温幅度。

就 2006—2025 年而言,气温变化季节差异比较明显(RCP8.5 除外),在 RCP2.6 排放路径下季节气温变化范围为 −1.73～1.71 ℃,在 RCP4.5 排放路径下季节气温变化范围为 −1.80～1.64 ℃,在 RCP8.5 排放路径下,气温上升 0.83～1.17 ℃。2026—2045 年,在 RCP2.6 排放路径下季节气温变化范围为 −1.16～2.27 ℃,在 RCP4.5 排放路径下季节气温变化范围为 −1.10～2.29 ℃,在 RCP8.5 排放路径下,气温上升 1.72～2.19 ℃。2056—2075 年,在 RCP2.6 排放路径下季节气温变化范围为 −1.01～2.42 ℃,在 RCP4.5 排放路径下季节气温变化范围为 −0.34～2.96 ℃,在 RCP8.5 排放路径下,气温升高 3.11～3.99 ℃。2076—2099 年,在 RCP2.6 排放路径下季节气温变化范围为 −1.06～2.20 ℃,在 RCP4.5 排放路径下季节气温变化范围为 −0.15～3.26 ℃,在 RCP8.5 排放路径下,气温升高 4.10～5.12 ℃。

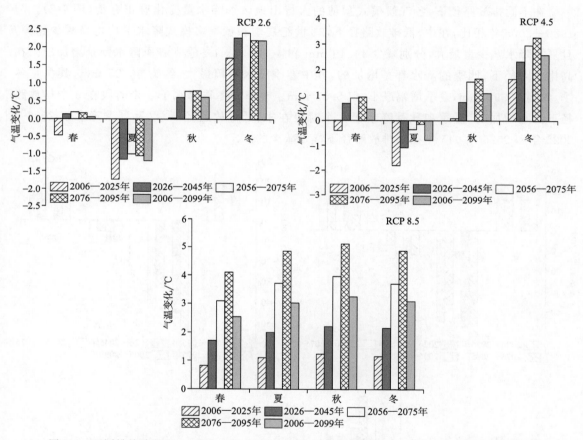

图 7-7　不同排放路径下 21 世纪太行山区季平均气温的变化量(与 1986—2005 年平均值相比)

(2)未来降水变化相对基准年份的变化情况

表 7-6 给出了 21 世纪太行山地区年降水量在不同时期和不同排放路径下相对于 1986—2005 年降水量的变化情况。就多模式平均而言,21 世纪降水在中、低排放路径下是减少的,分别减少 25.05 mm 和 28.82 mm;而在高排放路径下是增多的,且比 1986—2005 年降水增加 92.23 mm,说明降水变化对高排放路径更加敏感。在中、低排放路径下,2006—2025 年降水减少量相比其他时段是最多的,分别减少 62.38 mm 和 45.17 mm,之后各时段降水的减少幅度逐渐减小;高排放路径下,降水量在 4 个时段都是增多的,且增加量逐渐增大,到 2076—2099 年降水量增加 140.87 mm。从中、低排放路径看,21 世纪年降水量整体是减少的,但随

时间推移,其减少的幅度在变小;在高排放路径下,21 世纪年降水量是不断增多的,在 2045 年以前增加量不大,但 2056 年后增加量迅速升高到 113.59~140.87 mm,增加的趋势非常显著。

表 7-6　不同排放路径下 21 世纪太行山区年降水量的变化量(与 1986—2005 年平均值相比)

单位:mm

排放路径	2006—2025 年	2026—2045 年	2056—2075 年	2076—2095 年	2006—2099 年
RCP2.6	−45.17	−32.73	−19.80	−15.00	−28.82
RCP4.5	−62.38	−29.47	−10.48	3.44	−25.05
RCP8.5	37.35	52.07	113.59	140.87	92.23

在不同排放路径下,各气候模式预估的太行山地区季降水量变化有正有负(图 7-8)。与 1986—2005 年相比,在中、低排放路径下,21 世纪夏季和秋季多模式降水平均均呈减少趋势,且夏季降水减少量最大,分别减少 44.49 mm 和 44.20 mm;冬季和春季降水则是增加的。在高排放路径下,四季的降水都是增加的,其中春季降水增幅最大,约为 50.25 mm,其次是冬季,约为 20.97 mm,夏季增幅最小,仅 5.55 mm。春季和冬季降水于 4 个时段在 3 个排放路径下都是增加的,夏季和秋季降水于 4 个时段在中、低排放路径下,以及夏季降水于 2006—2025 年和 2026—2045 年在高排放路径下都是减少的。

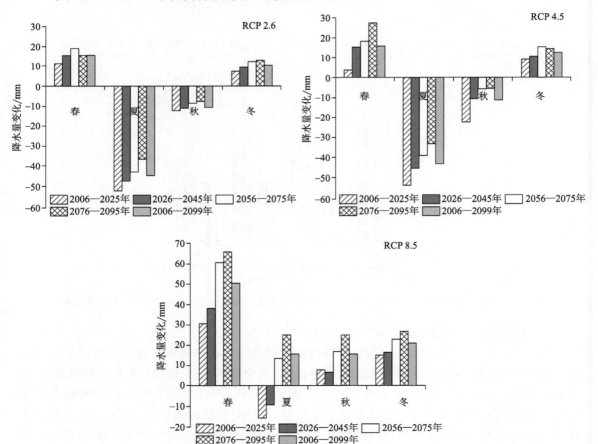

图 7-8　不同排放路径下 21 世纪太行山区季降水量的变化(与 1986—2005 年平均值相比)

就 2006—2025 年而言,降水变化季节差异比较明显,在 RCP2.6 排放路径下季降水量变化范围为—51.88～11.37 mm,在 RCP4.5 排放路径下季降水量变化范围为—53.34～9.22 mm,在 RCP8.5 排放路径下,变化范围为 —15.44～30.30 mm。2026—2045 年,在 RCP2.6、RCP4.5 和 RCP8.5 三种排放路径下季降水量变化范围分别为—47.05～15.72 mm,—45.32～15.49 mm 和—9.17～38.13 mm。2056—2075 年,在 RCP2.6 和 RCP4.5 排放路径下季降水量变化范围分别为—42.71～19.16 mm 和—39.02～18.62 mm,在 RCP8.5 排放路径下,降水增加 13.45～60.62 mm。2076—2099 年,在 3 种排放路径下季节降水量变化范围分别为—36.33～15.72 mm、—33.00～27.35 mm 和—23.51～68.80 mm。

7.2　未来气候变化对典型流域径流量的影响

7.2.1　未来气候变化对张坊流域径流的影响

根据流域未来的气候变化情景,利用 SWAT 模型模拟了 3 种排放路径下张坊流域径流的变化情况,图 7-9 和表 7-7 给出了 2016—2099 年流域的年径流变化情况。可以看出,在 3 种

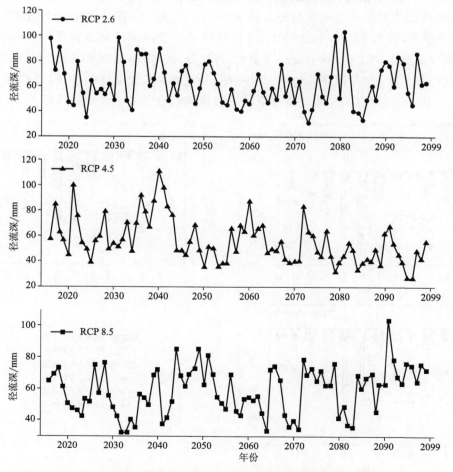

图 7-9　不同排放路径下 2016—2099 年张坊流域年径流变化趋势

排放路径下,流域多年平均径流深具有不同程度的减小。在低排放路径下,张坊流域未来多年平均径流深较基准年减少 20.52%(15.98 mm);在中排放路径下,较基准年减少 29.04%(22.61 mm);在高排放路径下,较基准年减少 24.62%(19.17 mm)。从不同的时段看,2016—2045 年 3 种排放路径下流域径流均减少,高排放路径下减少最多,约减少了 29.93%,低排放路径和中排放路径下分别减少 15.24% 和 14.67%;2046—2075 年,3 种排放路径下流域径流均减少,中排放路径下减少率达 32.01%,低、高排放路径下分别减少 27.85% 和 25.01%;2076—2099 年流域径流在低、中、高排放路径下分别减少 17.95%、43.28% 和 17.50%。

表 7-7　不同排放路径下各时段张坊流域年径流变化量

时段	变化量/mm			变化率/%		
	RCP2.6	RCP4.5	RCP8.5	RCP2.6	RCP4.5	RCP8.5
2016—2045 年	−11.87	−11.42	−23.31	−15.24	−14.67	−29.93
2046—2075 年	−21.68	−24.93	−19.47	−27.85	−32.01	−25.01
2076—2099 年	−13.97	−33.70	−13.63	−17.95	−43.28	−17.50
2016—2099 年	−15.98	−22.61	−19.17	−20.52	−29.04	−24.62

与 1984—2012 年相比,各排放路径下张坊流域径流于 2016—2045 年、2046—2075 年和 2076—2099 年三个时段均呈减少趋势。其中,2016—2045 年,各月径流减少幅度在 RCP8.5 排放路径下最大,而在 RCP4.5 和 RCP2.6 排放路径下径流减少幅度高低不一;2046—2075 年,径流减少幅度在 RCP4.5 排放路径下最大,其次是 RCP2.6,而在 RCP8.5 排放路径下减少幅度最小(2 月、3 月、11 月例外);2076—2099 年,径流减少幅度也是在 RCP4.5 排放路径下最大,而在 RCP2.6 和 RCP8.5 排放路径下减少幅度均较在 RCP4.5 排放路径下小(图 7-10)。

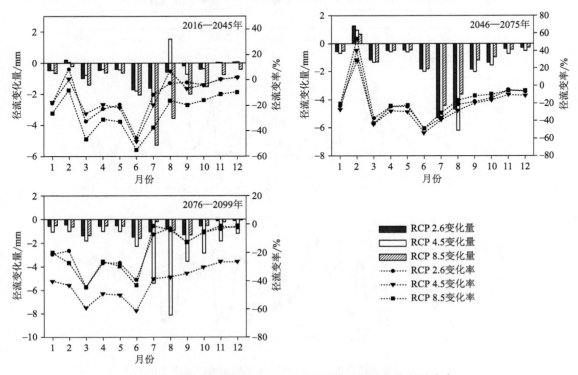

图 7-10　不同排放路径下各时段张坊流域月径流变化量及变率

从整体的径流变化量来看,7 月、8 月的径流减少量最大;从径流变率来看,春季各月的径流变率较高,说明这几个月的径流对气候变化的响应相对敏感。

7.2.2　未来气候变化对微水流域径流的影响

根据流域未来的气候变化情景,利用 SWAT 模型模拟 3 种排放路径下微水流域径流的变化情况,图 7-11 给出了 2016—2099 年流域的年径流变化情况。可以看出,在 3 种排放路径下,流域多年平均径流深具有不同程度的减小。在低排放路径下,微水流域未来多年平均径流深较基准年减少 4.48%(4.18 mm);在中排放路径下,较基准年减少 9.57%(8.93 mm);在高排放路径下,较基准年减少 13.91%(12.98 mm)。从不同的时段看,2016—2045 年低排放路径下流域径流微弱增大,在高、中排放路径下则是减少的,分别减少 12.1% 和 2.7%;2046—2075 年和 2076—2099 年两个时期,3 种排放路径下流域径流均减少,径流减少量从低排放路径到高排放路径不断增大(表 7-8)。

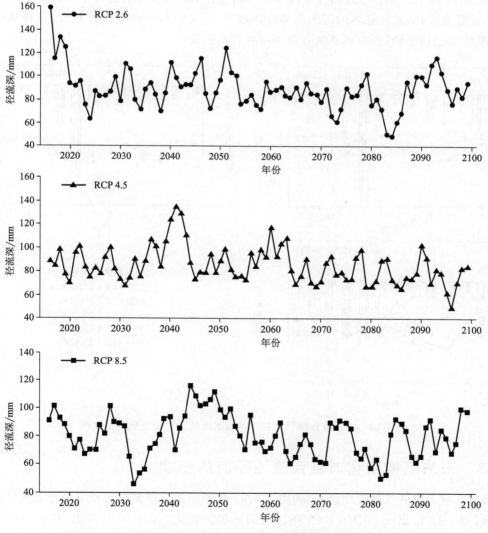

图 7-11　不同排放路径下 2016—2099 年微水流域年径流变化趋势

表 7-8　不同排放路径下各时段微水流域年径流变化量

时段	变化量/mm			变化率/%		
	RCP2.6	RCP4.5	RCP8.5	RCP2.6	RCP4.5	RCP8.5
2016—2045 年	1.67	−2.52	−11.28	1.79	−2.70	−12.10
2046—2075 年	−7.05	−9.06	−10.64	−7.56	−9.71	−11.40
2076—2099 年	−7.89	−16.78	−18.02	−8.46	−17.99	−19.32
2016—2099 年	−4.18	−8.93	−12.98	−4.48	−9.57	−13.91

　　与 1977—2008 年相比,3 种排放路径下微水流域月径流在 2016—2045 年、2046—2075 年和 2076—2099 年 3 个时段均呈减少趋势,月径流变化最大值在不同时期有所不同。2016—2045 年,径流减少幅度在 RCP8.5 排放路径下最大,其次是 RCP4.5,RCP2.6 排放路径下径流减少幅度最小;2046—2075 年,径流减少幅度在 RCP2.6 排放路径下最小,而在 RCP8.5 排放路径下减少幅度最大;2076—2099 年,径流减少幅度在 RCP8.5 排放路径下最大(8 月例外),而在 RCP4.5 和 RCP2.6 排放路径下减少幅度均较在 RCP8.5 排放路径下小(图 7-12)。从整体的变化量来看,微水流域各时段不同排放路径下 7—8 月的径流减少量最大;从径流变率来看,变率整体比较平稳,春季和夏季有两个相对较高的变率。

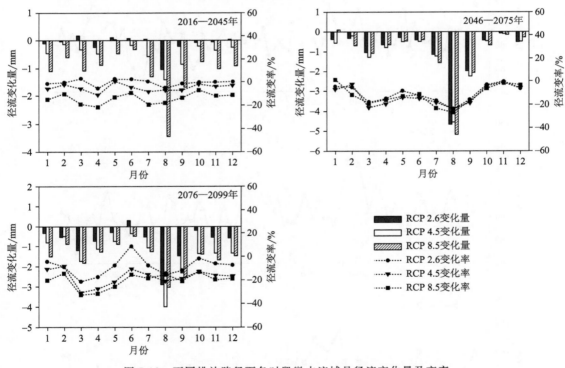

图 7-12　不同排放路径下各时段微水流域月径流变化量及变率

7.2.3　未来气候变化对观台流域径流的影响

　　根据流域未来的气候变化情景,利用 SWAT 模型模拟 3 种排放路径下观台流域径流的变化情况,图 7-13 给出了 2016—2099 年流域的年径流变化情况。可以看出,在 3 种排放路径下,流域多年平均径流深具有不同程度的减小。在低排放路径下,观台流域未来多年平均径流深较基准年减少 8.19%(5.59 mm);在中排放路径下,较基准年减少 18.58%(12.69 mm);在高排放路径下,较基准年减少 18.32%(2.51 mm)。从不同的时段看,2016—2045 年 3 种排放路径下流域径流均减少,中排放路径下减少最明显,约减少 13.78%,低排放路径和高排放路径下分别减少 1.27% 和 12.31%;2046—2075 年,3 种排放路径下流域径流均减小,中排放路径下减少率达 18.12%,低、高排放路径下分别减少 11.99% 和 17.34%;2076—2099 年流域径流在低、中、高排放路径下分别减少 12.08%、25.17% 和 27.06%(表 7-9)。

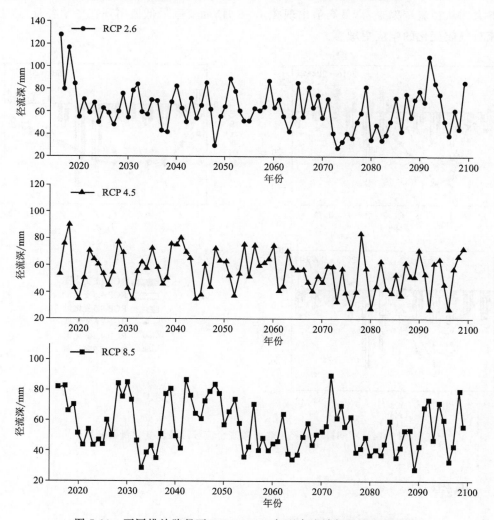

图 7-13　不同排放路径下 2016—2099 年观台流域年径流变化趋势

表 7-9　不同排放路径下各时段观台流域年径流变化量

时段	变化量/mm			变化率/%		
	RCP2.6	RCP4.5	RCP8.5	RCP2.6	RCP4.5	RCP8.5
2016—2045 年	−0.87	−9.41	−8.40	−1.27	−13.78	−12.31
2046—2075 年	−8.19	−12.37	−11.84	−11.99	−18.12	−17.34
2076—2099 年	−8.24	−17.19	−18.48	−12.08	−25.17	−27.06
2016—2099 年	−5.59	−12.69	−12.51	−8.19	−18.58	−18.32

  与 1974—2012 年相比,3 种排放路径下观台流域月径流在 2016—2045 年、2046—2075 年和 2076—2099 年 3 个时段均呈减少趋势,而且月径流变化最大值出现在 8 月(图 7-14)。其中,2016—2045 年径流减少幅度在 RCP4.5 排放路径下最大,其次是 RCP8.5,而在 RCP2.6 排放路径下径流有增有减;2046—2075 年径流变化幅度在 RCP2.6 排放路径下最小,而在 RCP4.5 排放路径下减少幅度最大(8 月 RCP8.5 最高);2076—2095 年径流减少幅度在 RCP2.6 排放路径下最小,而在 RCP4.5 和 RCP8.5 排放路径下减少幅度均较在 RCP2.6 排放路径下大。从径流变率来看,最高值出现在 4—5 月,而变率最低值出现在冬季各月,这说明春季径流对气候变化的响应更敏感。

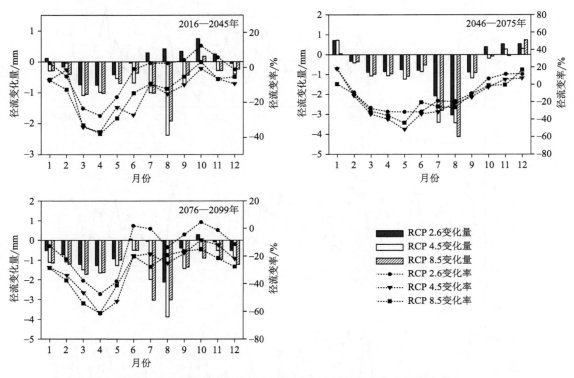

图 7-14 不同排放路径下各时段观台流域月径流变化量及变率

7.3 小结

  选择 CMIP5 中 15 个气候模式模拟的气温和降水数据,通过对比分析模拟值与太行山区 17 个气象站的平均观测值,评价各气候模式在该区的模拟水平,并在此基础上对该区的 21 世纪气候变化趋势进行分析。考虑到多模式平均对太行山区年均气温和降水变化趋势的模拟效果均最好,本章 3 个典型流域径流对未来气候变化的响应主要基于多模式平均进行分析。

  (1)未来气温和降水变化趋势分析

  ① 各气候模式模拟的气温和降水季分布与观测一致,且气候模式平均对太行山区年均气温和降水量变化趋势模拟效果最好。

  ② 基于各气候模式预估数据,21 世纪(2006—2099 年)太行山区气温在高排放路径

(RCP8.5)和中排放路径(RCP4.5)下均呈显著升温趋势,而在低排放路径(RCP2.6)下气温增加趋势较小。3 种排放路径下,太行山区的年降水量整体呈微弱增多的趋势,高排放路径下的年降水增长率较其他两个路径的增长率要大一些。

③ 与 1986—2005 年平均相比,多气候模式平均预估的 21 世纪各个时期太行山区年均气温和降水量变化差异明显。

(2)基于多模式气候因子平均模拟 3 个典型流域径流的变化

在 3 种排放路径下,3 个流域多年平均径流深具有不同程度的减小。从流域径流变率来看,张坊流域 4—5 月的径流变率较高,说明这几个月的径流对气候变化的响应相对更敏感;微水流域月径流变率相对比较平稳,仅在 4—5 月和 7—8 月出现两个不太明显的峰值。观台流域径流变率最大值也出现在 4—5 月,而变率最低值出现在冬季各月,这说明春季径流对气候变化的响应更敏感。总体看来,3 个流域夏季径流的减少量是最大的,而春季的径流变率则是相对较高的,说明春季径流对气候的响应相对更敏感一些。

第8章 结论与讨论

8.1 主要结论

本书以太行山区为研究对象,基于流域长期的水文气象观测数据、下垫面数据、遥感数据,借助各种统计检验、统计回归、水文模拟、气候模式等方法,揭示气候变化和人类活动(下垫面条件改变和人类直接取用水)影响下太行山区 3 个典型流域水文过程的演变规律,并对不同土地利用情景和未来气候变化情景下流域径流进行预估,具体的结论如下。

(1)在过去的五十几年中,太行山区的平均气温和降水量分别呈显著上升和减少的趋势,也就是说,太行山区气候趋于干热化。20 世纪 60 年代以来,各月的平均气温呈上升的趋势,升温速度以冬季最为明显,达到了 0.38 ℃/(10 a),并且整体上升速度在 20 世纪 90 年代后明显增大,这与气温突变年份(1987 年)是一致的。降水量的年代际变化在 7 月、8 月表现出明显减少的趋势,其他月份则变化复杂。

(2)对于径流变化,从北向南依次选取张坊、中唐梅、阜平、小觉、微水、观台和五龙口 7 个水文站来分析径流量的变化情况:各水文站的年径流量均呈减少的趋势,根据 M-K 突变检验,所有站的突变点都出现在 1984 年之前,其中最早的是观台站,在 1973 年。从年内分布格局看,7 个水文站径流的年内分配十分不均匀,呈现明显的单峰变化,汛期和非汛期界线明显,各站的径流量从 6 月开始迅速增多,到 8 月达到最高,10 月开始又迅速减少,这主要与降水的年内分配不均有关。从年代际来看,随着气候变暖和降水的减少,径流的年内分配在时间上也发生相应的变化,虽然各个水文站最大径流量出现的月份没变,但其径流量却有明显减少,并且峰值流量的减少量为全年最大。

从突变点前后径流分布格局看,张坊站、微水站和观台站的天然时段与干扰时段年内径流都呈单峰分布,都有汛期(6—10 月)和非汛期(11 月至次年 5 月)之分。干扰时段的平均月径流比天然时段的月径流量明显减少,最大减少量均出现在 8 月;从相对减少率来看,所有月份径流的相对减少率都在 50%以上。从流量历时曲线来看,对比天然时段,3 个流域干扰时段的月径流量都有比较明显的减少,一是与水利设施的建设和使用有关,二是与工业、农业、生活耗水的增加有关。

进一步分析径流与降水的关系,一方面,选取的 7 个水文站的平均年径流量比率(径流量/降水量)均约为 0.14,尽管各流域的年径流量比率偏低,但太行山区 1957—2012 年的年径流量比率每 10 a 的减少率仍能达到 24.84%,说明太行山区径流整体的减少量还是比较大的,其中,中部和南部的微水、小觉、观台和五龙口 4 个流域的年径流量比率每 10 a 的减少率都高于 30%,由此可以看出,太行山区北部流域的年径流量比率减小程度比中部和南部流域的要低。另一方面,以 1980 年为界分析 7 个流域两个时段降水和径流的关系,1980 年后各流域的径流量都低于 1980 年以前。这表明同样的降水量,1980 年后生成的径流量明显要小于 1980 年前。因此,太行山区各流域的径流量可能受到强烈的人类活动的影响。

(3)选取太行山北部的张坊流域、中部的微水流域和南部的观台流域作为研究对象,在这3个流域上建立 SWAT 分布式水文模型,对流域的水文过程进行模拟,并通过 SWAT-CUP 对模型的参数进行校准和验证,以获取各流域最佳的参数值,提高模拟的精度。结果显示校准期与验证期月径流模拟值与实测值之间基本都满足 $R_e < 15\%$、$R^2 > 0.6$ 且 $E_{NS} > 0.5$,说明 SWAT 模型径流模拟在张坊、微水和观台流域均有较好的适用性。年径流模拟结果表明,天然时段模拟值与观测值的拟合效果很好,干扰时段的模拟值明显大于实测值,模拟值与观测值之差代表了人类活动对径流的影响,这说明可以用 SWAT 模型来区分这3个流域径流对气候变化和人类活动的响应。

(4)进行了气候变化和人类活动对径流减少的归因估算。根据径流的突变点,整个时段被分为两段:天然时段和干扰时段。一方面,基于校准的 SWAT 模型,重新构建了整个时段无人类活动影响下的天然径流。天然时段和干扰时段的天然径流量差值表示气候变化对径流减少的影响,剩余的径流减少的贡献源于人类活动。模拟结果表明:两个时段径流减少量中,张坊、微水和观台流域气候变化(人类活动)的贡献率分别为 43.60%(56.40%)、36.61%(63.39%)和 28.65%(71.35%)。另一方面,基于气候弹性系数估算气候变化对径流变化的贡献率,得出张坊、微水和观台流域气候变化(人类活动)的贡献率分别为 40.84%(59.16%)、35.50%(64.50%)和 30.02%(69.98%)。

基于以上结果得出,SWAT 模型和弹性系数法分离的气候变化和人类活动对径流变化的贡献率基本一致,3个流域气候变化的贡献率都低于人类活动的贡献率,说明人类活动是太行山区径流减少的主要影响因子;而且3个流域人类活动的贡献率从北向南呈现增大的趋势,表明人类活动的影响程度从北向南是不断增强的。

(5)为了体现土地利用/覆被变化对径流的影响,对张坊流域、微水流域和观台流域分别建立 $> 5°$ 的退耕还林情景和 $> 15°$ 的坡地转为裸地情景:3个流域在两种情景下径流和蒸发量的变化趋势是相似的,在 $5°$ 以上的所有耕地还林均会使径流深减小,径流显著的减小表明这种情景能更有效地涵养水源,然而这种情景下的蒸散量却是增大的,这又反映了退耕还林会增加水分消耗,因此,为了更好地利用水资源,需要在今后退耕工作的统筹规划中,权衡和把握退耕还林比例。在土地严重退化的情景下,3个流域的径流量是显著增大的,这说明裸地的保水持水能力较低,这种土地类型的大面积扩张会很大程度上加剧水土流失的程度;另一方面,模拟的蒸散量的减少是因为裸地蒸发消耗的基本都是表层的土壤水分,而大部分的降水都形成下渗水流和径流了。

(6)在气候变化方面主要分析了气温、降水与径流的关系:3个流域径流与降水量均呈正相关,而与气温则呈负相关。从径流的季变化来看,夏季各月降水变化对径流年际变化的贡献远大于气温升高对径流的贡献,而其他各月气温升高对径流年际变化的影响略大于降水变化对径流的影响。

(7)最后,通过分析 CMIP5 中15个气候模式模拟的气温和降水数据,得出各气候模式模拟的气温和降水季节分布与历史观测值一致,且气候模式集合平均对太行山区年均气温和降水量变化趋势模拟效果最好。基于各气候模式平均预估数据,21世纪(2006—2099年)太行山区气温在高排放路径(RCP8.5)和中排放路径(RCP4.5)下均呈显著上升趋势,而在低排放路径(RCP2.6)下气温升高趋势较小。3个排放路径下,太行山区的年降水量整体呈微弱增多的趋势,高排放路径下的年降水增长率较其他两个路径的增长率要大一些。

基于多模式平均预估的气候数据模拟 3 个典型流域径流的变化得出:在 3 种排放路径下,3 个流域多年平均径流深具有不同程度的减小,在低、中和高排放路径下,张坊流域未来多年平均径流深较基准年分别减少 20.52%(15.98 mm)、29.04%(22.61 mm)和 24.62%(19.17 mm);微水流域未来多年平均径流深较基准年分别减少 4.48%(4.18 mm)、9.57%(8.93 mm)和 13.91%(12.98 mm);观台流域未来多年平均径流深较基准年分别减少 8.19%(5.59 mm)、18.58%(12.69 mm)和 18.32%(2.51 mm)。从月流域径流变化量来看,3 个流域未来月径流的减少量在 7 月、8 月是最大的;从径流变率来看,3 个流域均在 4—5 月的值最高,这说明春季径流对气候变化的响应更敏感一些。

8.2 特色与创新点

(1)本书分别在太行山区北部、中部和南部选取典型流域作为研究对象,并以这 3 个流域的研究结论来整体代表太行山区的变化情况。

(2)分别对 3 个流域构建分布式水文模型,并用率定好的 SWAT 模型定量区分气候变化和人类活动对流域径流减少的贡献率。同时也运用气候弹性系数法估算气候变化和人类活动对径流减小的贡献率。两种方法得出的结论比较一致,认为人类活动是流域径流变化的主要影响因素,并且 3 个流域从北向南人类活动的贡献率逐渐增大,这在一定程度上也可以推断太行山区从北向南人类活动的影响不断增强。整体的分离结果具有较高的说服力和可信度。

(3)根据校准好的 SWAT 模型,一方面,进行不同土地利用情景下的径流模拟;另一方面,利用气候模式的未来模拟数据作为未来气候变化的情景来预测流域未来径流的变化情况。不同情景的模拟都能定量地分析流域径流的变化情况,这对于流域土地利用结构规划与水资源的可持续利用具有一定的指导作用。

8.3 讨论与展望

本书涉及的国家级气象站资料在空间分布上比较稀疏,雨量站数据在时间序列上存在不连续性,虽然都在研究中通过插补延长进行了补充,但与实际情况相比仍存在一定的误差;加之 SWAT 模型涉及的参数较多,模型的参数校准比较复杂,存在着一定的不确定性;这些因素都会造成模拟结果不可避免地存在偏差,对水文模拟的效果有一定的影响。因此,在未来的研究工作中,有必要收集更全面的研究区资料对模型进行模拟验证,并通过开展人工增雨试验的流域地形条件对产流过程的影响研究来校准流域模型的参数,从而提高模型模拟的精度。

本书基于 SWAT 模型和气候弹性系数两种方法来分析气候变化和人类活动对径流变化的贡献率,都是假定气候变化及人类活动对流域水循环的影响是相对独立的,实际上气候变化与人类活动两种因素本身却是相互影响、相互作用的,为了考虑两者之间的这种相互关系,未来的研究工作中需要将这两种因素耦合起来建立气候-陆地水循环双向耦合模型,才能更准确地模拟流域水循环的气候变化和人类活动影响过程。

在人类活动对流域水文水资源的影响研究方面,人类活动包含多种要素,本书仅就土地利用/覆被变化对流域径流的影响进行了分析,而没有进一步分析用水结构调整、水利工程修建及其他人类活动对径流的影响,也没有涉及水质等生态环境方面的影响研究,这些都是以后工作中需要加强的方面,因此,后续的研究需要进一步扩展人类活动对水文水资源影响的研究方向。

在使用 CMIP5 中的气候模式模拟数据分析未来气候变化情景下径流变化情况的过程中,由于各气候模式输出数据的空间分辨率偏低,使得预估的未来气候变化存在一定的不确定性,未来的研究中需要考虑采用合适的降尺度方法以提高流域未来气候预测的精度。

参考文献

陈亚宁,徐长春,杨余辉,等,2009. 新疆水文水资源变化及对区域气候变化的响应[J]. 地理学报,64(11):
　　1331-1341.

邓晓宇,张强,孙鹏,2014. 气候变化和人类活动对信江流域径流影响模拟[J]. 热带地理,34(3):293-301.

顿珠加措,2015. 年楚河流域径流变化及其对气候变化的响应[J]. 人民黄河,37(4):33-37.

冯亚文,任国玉,刘志雨,2013. 长江上游降水变化及其对径流的影响[J]. 资源科学,35(6):1268-1276.

顾西辉,张强,陈晓宏,2015. 中国降水及流域径流均匀度时空特征及影响因子研究[J]. 自然资源学报,30
　　(10):1714-1724.

郭生练,郭家力,侯雨坤,2015. 基于 Budyko 假设预测长江流域未来径流量变化[J]. 水科学进展,26(2):
　　151-160.

贺瑞敏,张建云,鲍振鑫,2015. 海河流域河川径流对气候变化的响应机理[J]. 水科学进展,26(1):1-9.

胡彩虹,王纪军,柴晓玲,2013. 气候变化对黄河流域径流变化及其可能影响研究进展[J]. 气象与环境科学,
　　36(2):57-65.

康丽莉,Leung L Ruby,柳春,2015. 黄河流域未来气候-水文变化的模拟研究[J]. 气象学报,73(2):382-393.

李丽娟,2003. 无定河流域径流演化趋势以及其对土地利用变化的响应[J]. 水科学进展,14(增刊):74-79.

林凯荣,何艳虎,陈晓宏,2012. 气候变化及人类活动对东江流域径流影响的贡献分解研究[J]. 水利学报,43
　　(11):1312-1321.

刘柏君,周广钰,雷晓辉,2015. 海流兔河基流特征及其对气候变化和人类活动的响应分析[J]. 水资源与水工
　　程学报,26(5):56-61.

刘昌明,2013. 中国水文地理[M]. 北京:科学出版社.

刘春蓁,占车生,夏军,2014. 关于气候变化与人类活动对径流影响研究的评述[J]. 水利学报,45(4):379-385.

刘茂峰,高彦春,甘国靖,2011. 白洋淀流域年径流变化趋势及气象影响因子分析[J]. 资源科学,33(8):
　　1438-1445.

刘兆飞,王翊晨,姚治君,等,2011. 太湖流域降水、气温与径流变化趋势及周期分析[J]. 自然资源学报,26
　　(9):1576-1584.

钱正英,2001. 中国水资源战略研究中几个问题的认识[J]. 河海大学学报,29(5):1-7.

秦大河,2007. 全球气候变化对中国可持续发展的挑战[J]. 中国发展观察(4):38-39.

秦大河,Stocker T,259 名作者,等,2014. IPCC 第五次评估报告第一工作组报告的亮点结论[J]. 气候变化研
　　究进展,10(1):1-6.

石培礼,李文华,2001. 森林植被变化对水文过程和径流的影响效应[J]. 自然资源学报,16(5):481-487.

王光谦,2012. 水利科技前言问题[J]. 河南水利与南水北调,13:6-9.

王国庆,张建云,刘九夫,2008. 气候变化和人类活动对河川径流影响的定量分析[J]. 中国水利(2):55-58.

王浩,贾仰文,王建华,等,2005. 人类活动影响下的黄河流域水资源演化规律初探[J]. 自然资源学报,20(2):
　　157-162.

王浩,严登华,贾仰文,等,2010. 现代水文水资源学科体系及研究前沿和热点问题[J]. 水科学进展,21(4):
　　479-489.

王金凤,2019. 气候变化和人类活动影响下的北大河流域径流变化分析[J]. 干旱区资源与环境,33(3):86-91.

王金凤,武桃丽.2019. 漳河上游径流变化特征及其归因分析[J]. 干旱区资源与环境,33(10):165-171.

王金凤,刘小玲,李庆,等,2023a. 黄土高原北部风蚀区防风固沙服务时空分异及驱动因素探究[J]. 中国沙漠,43(4):220-230.

王金凤,刘小玲,王盛,等,2023b. 基于生态区的黄土高原多因素景观格局与生境质量时空演变及模拟[J]. 人民黄河,45(1):105-111.

王蕊,姚治君,刘兆飞,等,2015. 雅鲁藏布江中游地区气候要素变化及径流的响应[J]. 资源科学,37(3):619-628.

王文圣,丁晶,李跃清,2005. 水文小波分析[M]. 北京:化学工业出版社.

王雁,丁永建,叶柏生,2013. 黄河与长江流域水资源变化原因[J]. 中国科学:地球科学,43(7):1207-1219.

魏凤英,1999. 现代气候统计诊断与预测技术[M]. 北京:气象出版社.

魏凤英,2007. 现代气候统计诊断与预测技术:第2版[M]. 北京:气象出版社.

夏传清,马顺刚,2010. 雅鲁藏布江中游径流还原计算方法探析[J]. 东北水利水电,28(12):28-30.

夏军,贾绍凤,刘苏峡,2010. 水系统与水资源可持续管理[M]. 北京:中国水利水电出版社.

夏军,佘敦先,杜鸿,2012. 气候变化影响下极端水文事件的多变量统计模型研究[J]. 气候变化研究进展,8(6):397-402.

谢平,窦明,朱勇,2010. 流域水文模型:气候变化和土地利用/覆被变化的水文水资源效应[M]. 北京:科学出版社.

徐翔宇,2012. 气候变化下典型流域的水文响应研究[D]. 北京:清华大学.

杨春霄,2010. 白洋淀入淀水量变化及影响因素分析[J]. 地下水,32(2):110-112.

杨默远,桑燕芳,王中根,等,2014. 潮河流域降水-径流关系变化及驱动因子识别[J]. 地理研究,33(9):1658-1667.

杨霞,2015. 基于 SWAT 的乌伦古河流域径流模拟研究[J]. 水利与建筑工程学报(1):121-125

易湘生,尹衍雨,李国胜,等,2011. 青海三江源地区近50年来的气温变化[J]. 地理学报,66(11):1451-1465.

曾思栋,张利平,夏军,等,2013. 永定河流域水循环特征及其对气候变化的响应[J]. 应用基础与工程科学学报,21(3):501-511.

张爱静,2013. 东北地区流域径流对气候变化与人类活动的响应特征研究[D]. 大连:大连理工大学.

张建云,王国庆,2007. 气候变化对水文水资源影响研究[M]. 北京:中国科学出版社.

张建云,章四龙,王金星,等,2007. 近50年来中国六大流域年际径流变化趋势研究[J]. 水科学进展,18(2):230-234.

张士锋,华东,孟秀敬,等,2011. 三江源气候变化及其对径流的驱动分析[J]. 地理学报,66(1):13-24.

张世法,徐春晓,2011. 水资源评价和规划中的一个重要问题—流域下垫面变化对河川径流的影响[J]. 科技创新导报,36:115-116.

张树磊,杨大文,杨汉波,等,2015.1960—2010年中国主要流域径流量减小原因探讨分析[J]. 水科学进展,26(5):605-613.

张晓晓,张钰,徐浩杰,等,2014. 河西走廊三大内陆河流域出山径流变化特征及其影响因素分析[J]. 干旱区资源与环境,28(4):66-72.

郑艳妮,闻昕,方国华,2015. 新安江流域气候变化及径流响应研究[J]. 水资源与水工程学报,1:106-110.

周玮,吕爱锋,贾绍凤,2011. 白洋淀流域1959年至2008年山区径流量变化规律及其动因分析[J]. 资源科学,33(7):1249-1255.

ARNOLD J G,ALLEN P M,1998a. Estimating hydrologic budgets for three Illinois watersheds[J]. Journal of Hydrology,176(1-4):57-77.

ARNOLD J G,ALLEN P M,BERNHARDT G A,1993. comprehensive surface-groundwater flow model[J]. Journal of Hydrology,142(1-4):47-69.

ARNOLD J G,SRINVASAN R,MUTTIAH R S,et al,1998b. Large area hydrological modeling and assessment. Part1:Model development[J]. Journal of the American Water Resources Association,34(1):73-89.

ARNOLD J G,WILLIAMS J R,1995. Continuous-time water and sediment-routing model for large basins[J]. Journal of Hydraulic Engineering,121(2):171-183.

ARNOLD J G,WILLIAMS J R,NICKS A D,1990. SWRRB:A basin scale simulation model for soil and water resources management[M]. College Station,TX:Texas A&M Univ. Press.

BAO Z,ZHANG J,WANG G,et al,2012. Attribution for decreasing streamflow of the Haihe River basin, Northern China:Climate variability or human activities? [J]. Journal of Hydrology,460-461:117-129.

BEKELE E G,KNAPP H V,2010. Watershed modeling to assessing impacts of potential climate change on water supply availability[J]. Water Resource Management,24(3):3299-3320.

BREUER L,HUISMAN J A,2009. Assessing the impact of land use change on hydrology by ensemble modeling(LUCHEM)[J]. Advances in Water Resources,32(2):127-128.

BUDYKO M I,1974. Climate and Life[M]. New York,CA:Academic Press.

BURN D H,HAG ELNUR M A,2002. Detection of hydrological trends and variability[J]. Journal of Hydrology,255(1-4):107-122.

CALDER I R,2000. Land use impacts on water resources[A]. Background Paper No. 1. In Land-water Linkages in Rural Watersheds. Electronic Workshop,FAO:Rome,18 September-27 October.

CAPON J S J,2005. Flood variability and spatial variation in plant community composition and structure on a large arid floodplain[J]. Journal of Arid Environments,60(2):283-302.

CHEN J Q,XIA J,1999. Facing the challenge:barriers to sustainable water resources development in China [J]. Hydrological Sciences Journal,44(4):507-516.

CHU J T,XIA J,XU C Y,et al,2010. Spatial and temporal variability of daily precipitation in Haihe River Basin,1958-2007[J]. Journal of Geographical Sciences,20(2):248-260.

CONG Z T,ZHAO J J,YANG D W,et al,2010. Understanding the hydrologicaltrends of river basins in China [J]. Journal of Hydrology,388(3):350-356.

DOOGE J C I,BRUEN M,PARMENTIER B,1999. A simple model for estimating the sensitivity of runoff to long-term changes in precipitation without a change in vegetation[J]. Advances in Water Resources,23(23): 153-163.

FAN J,YANG Y H,ZHANG W J,2007. A study of changes in runoff resulting from climate and land cover changes in the Yehe Catchment[J]. Acta Agriculturae Boreali-Sinica,22(1):175-179.

FICKLIN D L,LUO Y Z,LUEDELING E,et al,2009. Climate change sensitivity assessment of a highly agricultural watershed using SWAT[J]. Journal of Hydrology,374(1-2):16-29.

FUREY P R,KAMPF S K,LANINI J S,et al,2012. A stochastic conceptual modeling approach for examining the effects of climate change on streamflows in mountain basins[J]. Journal of Hydrometeorology,13(3): 837-855.

GONG D Y,SHI P J,WANG J A,2004. Daily precipitation changes in the semi-arid region over Northern China[J]. Journal of Arid Environment,59(4):771-784.

GUO H,HU Q,JIANG T,2008. Annual and seasonal streamflow responses to climate and land-cover changes in the Poyang Lake basin,China[J]. Journal of Hydrology,355(1-4):106-122.

HAO C,JIA Y,GONG J,et al,2010. Analysis on characteristics and rules of climate change of Haihe River basin in recent 50 years[J]. Journal of China Institute of Water Resources & Hydropower Research,8(1): 39-43.

HARGREAVES G L,HARGREAVES G H,RILEY J P,1985. Agricultural benefits for Senegal River Basin

[J]. Journal of Irrigation & Drainage Engineering,111(2):113-124.

HJELMFELT A T,1991. Investigation of curve number procedure[J]. Journal of Hydraulic Engineering,17 (6):725-735.

HU S S,ZHENG H X,LIU C M,et al,2012. Assessing the impacts of climate variability and human activities on streamflow in the water source area of Baiyangdian Lake[J]. Acta Geographica Sinica,67(1):62-70.

JIANG Z,SONG J,LI L,et al,2012. Extreme climate events in China:IPCC-AR4 model evaluation and projection[J]. Climatic Change,110(1-2):385-401.

JONES R N,CHIEW F H S,BOUGHTON W C,et al,2006. Estimating the sensitivity of mean annual runoff to climate change using selected hydrological models[J]. Advances in Water Resources,29(10):1419-1429.

KENDALL M G,1975. Rank Correlation Measures[M]. London:Charles Griffin.

KEZER K,MATSUYAMA H,2006. Decrease of river runoff in the Lake Balkhash basin in central Asia[J]. Hydrological Processes,20(6):1407-1423.

KNISEL W G, 1980. CREAMS:A Field Scale Model for Chemicals,Runoff and Erosion from Agricultural Management Systems[R]. USDA Conservation Research Rept. No. 26.

KOSTER R D,SUAREZ M J A,1999. Simple framework for examining the interannual variability of land surface moisture fluxes[J]. Journal of Climate,12(7):1911-1917.

LEE K S,CHUNG E S,2007. Hydrological effects of climate change,groundwater withdrawal,and land use in a small Korean watershed[J]. Hydrological Processes,21(22):3046-3056.

LEGESSE D,VALLET-COULOMB C,GASSE F,2003. Hydrological response of a catchment to climate and land use changes in Tropical Africa:Case study South Central Ethiopia[J]. Journal of Hydrology,275(1-2): 67-85.

LEONARD R A,KNISEL W G,STILL D A,1987. GLEAMS:Groundwater loading effects on agricultural management systems[J]. Trans. ASAE,30(5):1403-1428.

LEONARD R A,WAUCHOPE R D,1980. Chapter5:The pesticide submodel[M]//Knisel W G. CREAMS:A Field-scale Model for Chemicals,Runoff,and Erosion from Agricultural Management Systems. U. S. Department of Agriculture,Conservation research report no. 26.

LI H,ZHANG Y,VAZE J,et al,2012. Separating effects of vegetation change and climate variability using hydrological modelling and sensitivity-based approaches[J]. Journal of Hydrology,420(7):403-418.

LI L J,ZHANG L,WANG H,et al,2007. Assessing the impact of climate variability and human activities on streamflow from the Wuding River basin in China[J]. Hydrological Processes,21(25):3485-3491.

LIU C M,XIA J,2004. Water problems and hydrological research in the Yellow River and the Huai and Hai River basins of China[J]. Hydrological Processes,18(12):2197-2210.

LIU C M,YU J J,KENDY E,2001. Ground water exploitation and its impact on the environment in the North China Plain[J]. Water International,26:265-272.

LI Z,LIU W Z,ZHANG X C,ZHENG F L,2009. Impacts of land use change and climate variability on hydrology in an agricultural catchment on the Loess Plateau of China[J]. Journal of Hydrology,377(1-2):35-42.

MA H,YANG D W,TAN S K,et al,2010. Impact of climate variability and human activity on streamflow decrease in Miyun Reservoir catchment[J]. Journal of Hydrology,389:317-324.

MANN H B,1945. Non-parametric tests against trend[J]. Econometric,13:245-259.

MATT R,WHILES BETH S G,2001. Hydrologic influences on insect emergence production from central Platte River Wetlands[J]. Ecological Applications,11(6):1829-1842.

MA Z M,KANG S Z,ZHANG L,et al,2008. Analysis of impact of climatevariability and human activity on streamflow for a river basin in arid region ofnorthwest China[J]. Journal of Hydrology,352:239-249.

MILLIMAN J D,FARNSWORTH K L,JONES P D,et al,2008. Climatic and anthropogenic factors affecting river discharge to the global ocean,1951-2000[J]. Global and Planetary Change,62(3-4):187-194.

MILLY P C D,DUNNE K A,2002. Water and energy supply control of their inter-annual variability[J]. Water Resources Research,38(10):1206.

MILLY P C D,DUNNE K A,VECCHIA A V,2005. Global pattern of trends in streamflow and water availability in a changing climate[J]. Nature,438(7066):347-350.

MONTEITH J L,1965. Evaporation and the environment[M]//Fogg G E. The State and Movement of Water in Living Organisims. Symp. Soc. Exp. Biol. ,19,London:Cambridge University Press.

NEITSCH S L,ARNOLD J R,KINIRY J R,et al,2002. Soil and Water Assessment Tool Theoretical Manual [M]. Texas:Grassland Soil Water Research Laboratary.

PRIESTLEY C H B,TAYLOR R J,1972. On the assessment of surface heat flux and evaporation using large-scale parameters[J]. Monthly Weather Review,100:81-92.

REN L L,WANG M R,LI C H,et al,2002. Impacts of human activity on river runoff in the northern area of China[J]. Journal of Hydrology,261:204-217.

SHI P,MA X,HOU Y,et al,2013. Effects of land-use and climate change on hydrological processes in the upstream of Huai River,China[J]. Water Resources Management,27(5):1263-1278.

SMAKHTIN V U,1999. A Concept of Pragmatic Hydrological Time Series Modeling and Its Application in South African Context[R]. Ninth South African National Hydrology Symposium:29-30 November SAHC/ IAHS,Bellville:1-11.

SMAKHTIN V U,2001. Low flow hydrology:A review[J]. Journal of Hydrology,240(3-4):147-186.

VINEY N R,BORMANN H,BREUER L,et al,2009,Assessing the impact of land use change on hydrology by ensemble modelling(LUCHEM)II:Ensemble combinations and predictions[J]. Advances in Water Resources,32(2):147-158.

VOROSMARTY C J,GREEN P,SALISBURY J,et al,2000. Global water resources:vulnerability from climate change and population growth[J]. Science,289(5477):284-288.

WANG G Q,ZHANG J Y,HE R M,2006. Impacts of environmental change on runoffin Fenhe river basin of the middle Yellow River[J]. Advances in Water Science,17(6):851-858.

WANG G S,XIA J,CHEN J,2009. Quantification of effects of climate variations and human activities on runoff by a monthly water balance model:A case study of the Chaobai River basin in northern China[J]. Water Resources Research,45(7):206-216.

WANG J F,GAO Y C,WANG S. 2018. Assessing the response of runoff to climate change and human activities for a typical basin in the Northern Taihang Mountain,China[J]. Journal of Earth System Science,127 (37):1-15.

WANG J F,WU T L,LI Q,et al,2021a. Quantifying the effect of environmental drivers on water conservation variation in the eastern Loess Plateau,China[J]. Ecological Indicators,125:107493.

WANG J F,WU T L,LI Q,et al,2021b. Attribution analysis and prediction of landscape pattern and habitat conservation in Haihe source region,China[J]. Applied Ecology and Environmental Research,19(6): 4583-4597.

WANG J F,LI L F,LI Q,et al,2022a. The spatiotemporal evolution and prediction of carbon storage in the Yellow River basin based on the major function-oriented zone planning[J]. Sustainability,14(13):7963.

WANG J F,LI L F,LI Q,et al,2022b. Monitoring spatio-temporal dynamics and causes of habitat quality in Yellow River Basin from the perspective of major function-oriented zone planning[J]. Contemporary Problems of Ecology,15(4):418-431.

WANG J F,LI Y W,WANG S,et al,2023. Determining relative contributions of climate change and multiple human activities to runoff and sediment reduction in the eastern Loess Plateau,China[J]. CATENA, 232:107376.

WEI X X,ZHANG M F,2010. Quantifying streamflow change caused by forest disturbance at a large spatial scale:A single watershed study[J]. Water Resources Research,46:W12525.

WHITE M D,GREER K A,2006. The effects of watershed urbanization on the stream hydrology and riparian vegetation of Los Penasquitos Creek,California[J]. Landscape and Urban Planning,74(2):125-138.

WILLIAMS J R,HANN R W,1972. HYMO,a problem-oriented computer language for building hydrologic models[J]. Water Resources Research,8(1):79-85.

WILLIAMS J R,JONES C A,DYKE P T,1984. A modeling approach to determining the relationship between erosion and soil productivity[J]. Transactions of the Asae,27(1):129-144.

WILLIAMS J R,NICKS A D,ARNOLD J G,1985. Simulator for water resources in rural basins[J]. Journal of Hydraulic Engineering,111(6):970-986.

WU K S,JOHNSTON C A,2007. Hydrologic response to climatic variability in a Great Lakes Watershed:A case study with the SWAT model[J]. Journal of Hydrology,337(1-2):187-199.

XIA J,ZHANG L,LIU C M,et al,2007. Towards better water security in North China[J]. Water Resource Management,21:233-247.

XU Z X,CHEN Y N,LI J Y,2004. Impact of climate change on water resources in the Tarim River basin[J]. Water Resource Management,18(5):439-458.

XU Z X,TAKEUCHI K,ISHIDAIRA H,2003. Monotonic trend and step changes in Japanese precipitation [J]. Journal of Hydrology,279(1-4):144-150.

YANG Y H,TIAN F,2009. Abrupt change of runoff and its major driving factors in Haihe River Catchment, China[J]. Journal of Hydrology,374:373-383.

ZHANG A,ZHANG C,FU G,et al,2012a. Assessments of impacts of climate change and human activities on runoff with SWAT for the Huifa River Basin,Northeast China[J]. Water Resource Management,26(8): 2199-2217.

ZHANG L,DAWES W R,WALKER G R,2001. The response of mean annual evapo-transpiration to vegetation changes at catchment scale[J]. Water Resources Research,37(3):701-708.

ZHANG M F,WEI X H,SUN P S,et al,2012b. The effect of forest harvesting and climatic variability on runoff in a large watershed:The case study in the upper Minjiang River of Yangtze River Basin[J]. Journal of Hydrology,464-465(13):1-11.

ZHANG X P,ZHANG L,ZHAO J,et al,2008. Response of streamflow to changes in climate and land use/cover in the Loess Plateau,China[J]. Water Resources Research,44:W00A07.

ZHAO G J,TIAN P,MU X M,et al,2014. Quantifying the impact of climate variability and human activities on streamflow in the middle reaches of the Yellow River basin,China[J]. Journal of Hydrology,519:387-398.